自然探秘系列

可怕的科学
HORRIBLE SCIENCE

U0257198

惊险
南北极
PERISHING POLES

〔英〕阿尼塔·加纳利／原著　〔英〕迈克·菲利普斯／绘　韩庆九／译

北京出版集团
北京少年儿童出版社

著作权合同登记号

图字:01-2009-4233

Text copyright © Anita Ganeri

Illustrations copyright © Mike phillips

Cover illustration © Mike Phillips，2009

Cover illustration reproduced by permission of Scholastic Ltd.

图书在版编目(CIP)数据

惊险南北极 /（英）加纳利（Ganeri，A.）原著；
（英）菲利普斯（Phillips，M.）绘；韩庆九译．—2
版．—北京：北京少年儿童出版社，2010.1（2024.10重印）
（可怕的科学·自然探秘系列）

ISBN 978-7-5301-2347-8

Ⅰ．①惊…　Ⅱ．①加…　②菲…　③韩…　Ⅲ．①极地—
少年读物　Ⅳ．①P941.6-49

中国版本图书馆 CIP 数据核字（2009）第 181524 号

可怕的科学·自然探秘系列

惊险南北极

JINGXIAN NAN-BEIJI

［英］阿尼塔·加纳利　原著

［英］迈克·菲利普斯　绘

韩庆九　译

*

北 京 出 版 集 团　出版
北京少年儿童出版社
（北京北三环中路6号）
邮政编码:100120
网　　址：www．bph．com．cn
北京少年儿童出版社发行
新 华 书 店 经 销
三河市天润建兴印务有限公司印刷

*

787毫米×1092毫米　16 开本　7.75印张　40千字
2010 年 1 月第 2 版　2024 年 10 月第 55 次印刷
ISBN 978-7-5301-2347-8/N·135
定价:22.00 元
如有印装质量问题，由本社负责调换
质量监督电话：010-58572171

目 录

冰雪旅程

地理课，不就是拿雪花开开玩笑之类的事吗？有些地理教师喜欢用各种各样千奇百怪的词，把你"冻"在这个地方……

大致翻译一下，glaciation 是一个炫耀的术语，说明一块土地如何覆盖上冰雪。Gelifluction是指在春天冰雪融化，冻着的土地

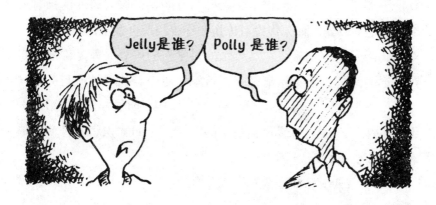

如何移动和下沉。而polynas是被海上的冰围绕着的一块块水面，我敢打赌你从来不想这么说。

冻坏了吧？但事情可能更糟。如果你认为你的教室又干又冷，你应该感谢上帝，你没有在冰天雪地的南极或北极上课。真是那样的话，你忙着取暖还来不及，根本没时间抱怨。

从坏的方面说，寒冷的两极是我们糟糕的星球上最冷、冰最多，而且最干燥的地方，也是风力最大的地方之一。它们非常远，在地球的两端。在地球上，你不可能走得更远。你会说，总算没去那儿。可是，你错了。从好的方面说，这要命的两极有最绚丽的地理风光。如果你没有冻伤，你很快就会迷上两极的。

脚冷了吧？别紧张。《可怕的科学》的好处，就是你能够走访遥远的地方，而不用离开家。这本书对坐着扶手椅旅行的人来说，比方说你，是再合适不过了。找一把舒服的扶手椅，平静一下，再深入进去。想想你新获得的关于两极的知识将怎样使你的老师吃惊，而你连一个碎冰锥都不用准备。

如果你急于想知道两极到底是什么样（你不用站起来），试试这个简单的实验。等一个特冷的冬天日子，我是说你需要用扫雪机才能把门前扫出来，就是这样的日子，你根本无法去上学。把你的小妹妹推出门外（千万别忘了，几分钟后叫她进来），等她回到屋里，仔细观察她，她是：

a) 一身鸡皮疙瘩？

b) 冻得发僵？

c) 炫耀她的蓝鼻头？

如果你在她身上能够看到所有这一切，你对两极算是有了一定的了解（别担心，你的妹妹不会告你的状，她的牙齿还咯咯作响呢）。

两极是地球上最冷的地方，比最冷的冷藏柜还要冷，南极上面的冰层有几千米厚。这就是这本书要告诉你的。在《惊险南北极》里，你可以：

▶ 学会驾驶因纽特人的狗拉雪橇。

▶ 寻找在冰层下面埋着的猛犸象。

▶ 用北美驯鹿胃里的东西做美味的调味汁。

▶ 和冰雪科学家格洛丽亚一起追踪一座和比利时一样大的冰山。

很高兴遇见你!

他们管她叫冰川学家,这是对研究冰雪的科学家的时髦称呼,不知道你的老师会怎么看这个词。

这样讲地理可从没有过!你激动吗?但是请注意,就算你是在屋子里,开始读这本书前也要热热身。你将开始一段冰雪旅程,冷得刺骨啊!

极地竞赛

1911年11月1日，南极麦克默多海峡。

早晨天气寒冷，小分队与他们的同伴握手道别。他们心情沉重。他们能否再见到他们的朋友？没有人知道。他们出发，开始一生中最大的冒险。他们希望成为人类历史上第一批到达南极极点的人。在寒冷的南极荒原上，等待他们的是异常艰险的旅程。他们中的一个曾有过体验。这支探险队的队长罗伯特·菲尔肯·斯科特，曾在9年前到达过距离极点几百千米的地方，但是严寒的气候和咆哮的风终于使他无法再向前迈一步。这一次，他抱定必胜的信心，哪怕牺牲也要尝试。

这次探险的准备工作进行了一年。在1910年6月1日，斯科特的Terra Nova号船——一艘经过重新修理和加固，可以破冰的老捕鲸船，离开英格兰。6个月之后，经过一路颠簸，它停泊到麦克默多海峡的浮冰之中。为了应付漫长黑暗的冬日，他们在罗斯岛的埃文斯角的海滩上搭建了帐篷。

在南半球，季节正好相反。在南极，3月到10月是冬季。

抗击着变幻莫测的气候，他们整日里忙着在通往极点的路上准备给养，操作科学仪器。而晚上，他们听留声机唱片，或是看幻灯片打发时间。到现在为止，一切顺利。

最后，到了向极点发起进攻的时候了！严峻的斯科特船长看上去冷静平稳，他一边在道别，一边思绪飞转。他离开伦敦的时候清楚地知道，他的最大的竞争对手，挪威杰出的探险家洛德·阿蒙森，正在地球的另一端，目标北极。阿蒙森想第一个到达北极，把南极交给斯科特。但是，在1909年4月6日，美国人罗伯特·皮里宣布到达北极极点，使得阿蒙森的计划落空。雄心勃勃的阿蒙森没有通知任何人，立即掉转航向，向南极出发。

斯科特从一份来自阿蒙森的电报知道了这件事：

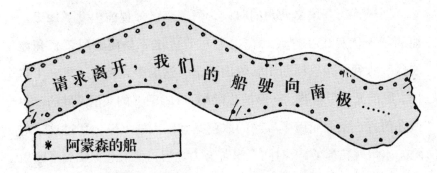

请求离开，我们的船驶向南极……

* 阿蒙森的船

那个时候，阿蒙森已经上路了。两个人都不能回头，看谁最先到达南极极点的竞赛正式开始了。在斯科特到达南极的10

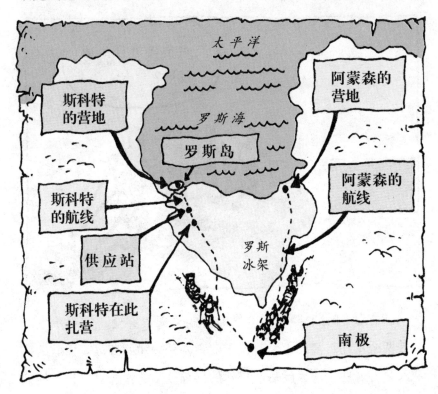

太平洋

斯科特的营地

罗斯海

罗斯岛

阿蒙森的营地

斯科特的航线

阿蒙森的航线

供应站

罗斯冰架

斯科特在此扎营

南极

天后，阿蒙森和他的探险队也到达了鲸湾，扎营在罗斯冰架。一切照计划进行。就在斯科特和他的人道别的时候，阿蒙森已经在路上。

1911年12月至1912年1月

斯科特离开埃文斯角的时候，阿蒙森已经提前出发了12天。他的领先优势还在扩大。在11月17日，毫不松懈的阿蒙森和他的探险队到了南极横断山脉的山脚下，这里距离极点还剩一半路程。眼前又一个难题，一座被称做Axel Heiberg 的又滑又陡的冰川横在前方，上面布满了难测的冰窟窿和巨大的冰障。翻过这个危险的冰川就花掉了4天时间，艰苦努力之后，他们总算爬到了冰川顶部，展现在他们眼前的是一望无际的耀眼的白冰（被称作极地高原）。

就在他们刚来得及喘口气的时候，天气突变，灾难爆发。一连两个星期，高原上只有漫天的雪暴和呼啸的狂风。勇敢的挪威人只好躲在一块冰障后面搭建的摇摇欲坠的帐篷里，祈求他们能够得救。幸运的是，他们的祈祷终于应验了。忽然之间，风停了，天气放晴。在明媚的阳光和蓝天的陪伴下，余下的旅程一帆风顺。

12月14日，阿蒙森和他的吃苦耐劳的同伴们终于站到了南极的极点上。他们相互握手，但没有说话。没必要用语言来表达。他们做到了，这就足够。他们不敢停留很久，因为他们知道那要付出代价，天气随时可能变化。为了证明他确实做到了，阿蒙森花了3天时间来准确地安装六分仪（这是个古老的航海仪器，用来测量地平线和太阳之间的角度）。临走前，他们搭建了一座帐篷，并树立起挪威国旗。阿蒙森还给斯科特留了一张字条，请他将他们成功的消息转告给挪威国王，字条这样写道：

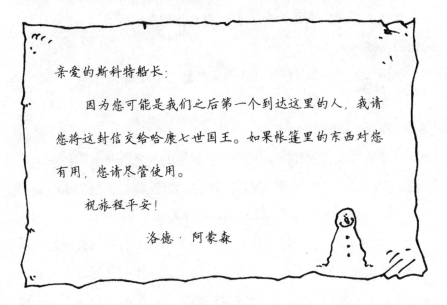

亲爱的斯科特船长：

　　因为您可能是我们之后第一个到达这里的人，我请您将这封信交给哈康七世国王。如果帐篷里的东西对您有用，您请尽管使用。

　　祝旅程平安！

　　　洛德·阿蒙森

6个星期后，挪威人顺利返回了营地。在98天艰苦的跋涉中，他们完成了2500千米史诗般的旅程。

与此同时，斯科特的前进困难重重。当阿蒙森自豪地在南极摆姿势拍照的时候，斯科特的探险队正在640千米以外，攀登另外一座险象环生的冰川。

在1912年的第一天，他们也到达了极地高原。目标就在眼前，大家群情激奋。他们还不知道阿蒙森已经在回家的路上了。为了做最后的冲刺，斯科特挑选了4个可靠的同伴——埃德加·埃文斯、劳伦斯·沃斯、亨利·鲍尔斯和爱德华·威尔逊医生。其余的辅助人员往回走。这是个超人的努力。温度已经降到零下40摄氏度，每前进一步都是巨大的痛苦。更糟的事情还没出现。1月16日，他们看到了远处的一面黑旗，看上去像个营地的标记。他们最担心的事发生了，阿蒙森把他们打败了。斯科特在他的日记里写下了他们破碎的梦想：

"最坏的事发生了，或者说几乎是最坏的事。挪威人先于我们到达了极点。真是太失望了！明天我们必须到那里，然后用最快的速度回家。"

尽管失望，斯科特还是在两天后到达了极点。

他在日记里写道："全能的上帝！这真是个可怕的地方！"

回程

斯科特和他的探险队开始了噩梦般的回家之路，他们神情沮丧，在冰天雪地中，又累又饿。纷飞的雪花掩盖了他们来时的痕迹，他们经常找不到路。队员们一个个筋疲力尽。2月17日，埃德加·埃文斯掉进一个冰窟窿死去。一个月后，勇敢的劳伦斯·沃斯从帐篷里走到外面的暴风雪中，他说："我在外面走走，就一会儿。"同伴们再也没见到活着的他。劳伦斯的双脚冻坏了，他宁可去死，也不愿拖累他的同伴。

3月19日，探险队的3个幸存者，斯科特、威尔逊和鲍尔斯被遮天蔽日的风雪困在帐篷里，而他们的食物和燃料越来越少。大风和暴雪使他们无法抗争。18千米以外就有给养营地，有足够的食物和燃料可以救他们的性命，但是那也遥不可及。每天他们都盼着天气会好起来，他们心里知道自己是命中注定，他们一天天衰弱下去。斯科特用他最后的力气，给家里写信，并夹在他的日记本里，日期是1912年3月29日：

1912年3月29日　星期四

从3月21日开始，我们遇到连续的大风。我们的燃料只够给每个人弄两杯茶，食物只够维持两天。每天我们都准备向给养营地进发，但帐篷外的风雪可以把什么都吹走。

我想我们没指望了。我们会坚持到底，可我们一天比一天衰弱，终点可能不远了。真的很遗憾，我不能再多写了……

R．斯科特

11

这一年的11月，一支搜索队发现了冰雪覆盖的帐篷，里面有3具尸体。斯科特的日记本和信就在他的身边，帐篷上立着一个用雪橇做的十字架。

阿蒙森第一个到达南极的5个理由

1. **先行一步**。　阿蒙森在罗斯冰架的边上扎营，这件事相当危险。如果冰破裂，他的营地会漂到海上。但是这值得一试。这样的话，他比斯科特距离南极近了100千米。在斯科特出发的时候，阿蒙森已经遥遥领先。

2. 所有重活儿由强健的狗来完成。 这些狗受过训练，迅速而且顽强。6条一流的狗能够在一天内，拉着半吨的雪橇走上100千米。最初，人们还坐在雪橇上，之后就在滑雪板上被拖着走。斯科特可没有使用狗的习惯。虽然拖雪橇是让人累得吐血的事，他还是认为人力来干更适合些。他的一个探险队员曾写道，这工作几乎让他的内脏翻江倒海。斯科特从西伯利亚带来的马也受不了这苦，雪没过了马腿，汗冻在它们的皮毛上。为了解除这些马的痛苦，它们最后都被射杀。至于探险队的3台电动雪橇，两台有故障，而另一台在从船上卸下来的时候，掉到了水里。

3. 他的队员吃鲜肉。 阿蒙森知道，如果没有鲜肉供应，他的人将死于坏血病（一种由于缺少维生素C而得的致命的疾病）。因此，当食物没有了的时候，他就杀狗。在极地高原上一个叫做"屠夫店"的地方，他杀了30条狗，占到所有数量的一半。有的狗被直接吃掉，他的人还做了新鲜的狗肉排留着以后食用。而谨慎的斯科特认为吃狗太残忍。他的主食是肉糜压缩饼（一种干牛肉和猪油的混合物），喝掺有企鹅或海豹肉丝的燕麦粥。拉雪橇非常耗费体力，很快，斯科特的人就没有足够的食物吃了。阿蒙森的探险队从开始就有足够的食物，而斯科特的队员由于缺乏维生素，慢慢地被饿死。

4. 他研究过因纽特人。 阿蒙森从北极的居民那里学到了如何在寒冷的环境下生存。像因纽特人一样，他的衣服用狼皮制成，即使温度降到零下40摄氏度以下，还能保持温暖和干燥。而斯科特更喜欢用棉花和羊毛做的衣服，但麻烦的是，这既不能保暖，也不能让汗挥发出去。这样他的队员身上又冷又潮。

5. 他并不关心科学。 阿蒙森

至少他们应该把牙拔掉！

的目标就是到南极，所以他挑选的队员都是适应极地生活的专家，包括养狗的人、善驾雪橇的人和滑雪高手。他曾经想成为一名医生，但因为探险而放弃了（还是小孩的时候，他就梦想去南极。在冬天，他甚至开着窗子睡觉，以增强自己的抗寒能力）。而斯科特却偏重于科学研究。他的雪橇上放满了沉重的岩石样本，很难拉动。实际上，这些岩石提供了非常重要的依据，表明南极曾经是很温暖的。可惜，这个惊人的发现对斯科特来说太晚了！

6. 他的运气太好了。 斯科特在回来的路上，遇上了异常气候。通常这个时候的温度应该在零下30摄氏度，而斯科特不得不应付零下40摄氏度以下的低温。这时，阿蒙森已经顺利返回。

总之，极地是非常危险的地方。连勇敢的斯科特船长都死在了那个冰冷的地方，你需要非常坚强才行。想一想，你能经受住考验，顺利地回来吗？但你先要做的，是更好地了解极地，了解得越多越好……

寒冷的两极

想象一下，你眼前是无边无际的冰雪世界，再加上呼呼作响的风和冰冻的低温。这有点像偷看世界上最大最冷的冰柜，当然里面没有冻薯条和冰棍。欢迎来寒冷的两极！

两极的位置

你是不是知道五朔节的花柱、旗杆、支帐篷的杆子？两极可不是那样的杆子。它们在地球的尽头，地轴的两端（地轴是假想的线，从地球中间穿过去）。在北极，你只能向南走，而在南极，所有的方向都是北。是不是搞糊涂了？现在让格洛丽亚给你看第一幅图。

讨厌的地理学家把事情弄得更糊涂，他们将北极周围的地方叫北极圈（Arctic），将南极周围的地方叫南极圈（Antarctic 或是Antarctica）。它们占了地球表面面积的8%。

这里是第二幅图。

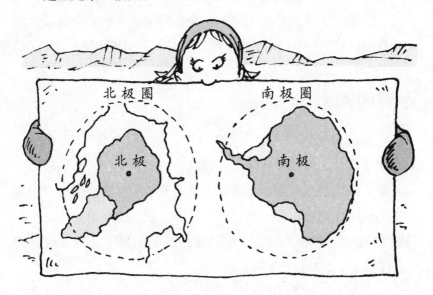

你不要责怪这些讨厌的地理学家。很奇怪吧，是古代的希腊人最先想出这些名字的。我敢说你绝对想不出，Arctic 这个词在希腊语里是熊的意思。只是这个熊既不是白色的，身上也没有毛，也不在冰上捉海豹。这是在北极上空闪烁的像熊一样的一组星星（大熊星座）。而Antarctic 是指与这组星星相反的地方。

实际上，周游世界的希腊人从没有到过南极，他们怎么可能知道它在那儿呢？他们当然不知道。这变成了猜谜游戏，而希腊

人恰好擅长这个。他们认为，地球的下方一定有一块土地支撑着地球。否则，头重脚轻的地球一定会翻过来。真的不可思议，居然让他们猜对了！不是说地球会翻过来，而是南极确实存在。

不同的两极

你可能会想，寒冷的两极看上去一样啊！它们都很寒冷，而且冰天雪地。但是，实际上，在冰冷的表面底下，它们截然不同。那么，你怎么判断谁是南极，谁是北极呢？想把两极分出来吗？不清楚你到底在哪一极吗？为什么不试试这个很酷的分辨两极的游戏？对于每个问题，你只需回答"南极"，"北极"或"两个都是"。准备好了吗？

1. 它是覆盖着冰层的大陆。

2. 它是一片冰冻的海洋。

3. 有极地熊，没有企鹅。

4. 在夏天，太阳整日不落。

5. 六月，正处在冬季的中间。

6. 终年有人居住。

答案

1. 南极。在冰层下面，是一片大陆。南极的面积是14 000 000平方千米，几乎是欧洲的两倍。但是，它99%的表面覆盖着厚厚的冰，有些地方厚度可达5千米，这个厚度可以达到珠穆朗玛峰的一半。这么厚的冰，重量也很大，下面的陆地被压得下陷。还不止这些呢！冰层下面还有巨大的山脉和火山。谢天谢地，绝大多数是死火山。可一座叫埃里伯斯的火山，随时可能爆发。

南极的四周是海洋。冬天，1/3的海面会冻起来，南极的面积也随着大起来。注意：下次去南极探险，可别从船上掉下来！海水太凉，几分钟之内，你的脑袋就会冻僵的。

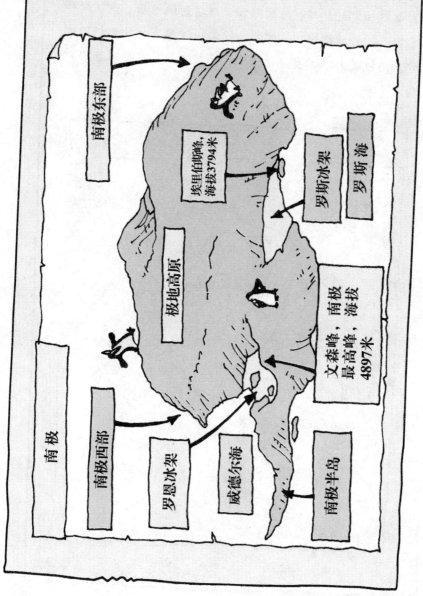

南极东部

埃里伯斯峰，海拔3794米

罗斯冰架

罗斯海

极地高原

文森峰，南极最高峰，海拔4897米

南极

南极西部

罗恩冰架

威德尔海

南极半岛

2. 北极：在北极，除了冰冻的海洋，没有陆地。北冰洋是世界上最小的大洋，面积14 000 000平方千米，也是最冷的（注意你的脑袋）。一年的绝大多数时间里，上面布满浮冰，厚度可以达到3米。北冰洋几乎被陆地所包围，这其中有加拿大北部、阿拉斯加、斯堪的纳维亚、俄罗斯和冰雪覆盖着的格陵兰。它们合围起地理学家称为北极的地方。南极是大陆，有海洋围绕，北极是海，由陆地包围，明白了吗？

北极

加拿大

俄罗斯

北极

格陵兰岛

北冰洋

欧洲

3. 北极：在北极是没有企鹅的。你有可能碰到一只极地熊，但是如果一只企鹅从你身边走过，你肯定站错了地方。

4. 两个都是。可能你无法入睡，因为连续很多星期太阳都不出现，四周漆黑一片。在南极的冬天，有6个月是连续黑暗的。这究竟是怎么回事？因为地球是围着太阳转的，它也围着自己的地轴转，一圈用24小时。地轴有一个倾斜角度，这样有些地方向太阳倾斜，有些地方则相反，这也使得有些地方得到的光照更长。这就是为什么一年之中，白天和黑夜会有长短变化的原因。

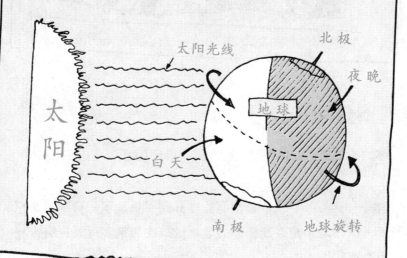

5. 南极。当你夏天放假，在海滩上闲逛的时候，南极正是冬天。而北方是冬季的时候，南极正是夏天。你明白我说的吗？6月份，北半球向太阳倾斜，于是就是夏天。而南半球离太阳远，于是处在冬天。在12月，情况刚好相反。

6. 两个都是。很久以来，北极就有人居住，他们可是生存的好手！在南极，情况可不大一样，只有一些顽强的科学家成年在那里。天气实在太冷了！他们远离家乡，最近的邻居也要在3000千米以外的南美洲。不管他了，他可以有成千上万的企鹅做伴。

你的得分情况

你的成绩如何？你答对一题，就会得到100分！

500—600分。　恭喜恭喜！你算到了极地了。可别得意忘形啊！下次你是不是想建议你的老师做一次极地实地旅行啊？死了这条心吧！

300—400分。 还不算太坏。你显然做了点热身。可是小心，你还是可能滑倒在冰上。

200分或更少。 糟糕！你可是在薄薄的冰上滑啊！这个成绩，你不会成为地理天才。如果你真的分不清南极和北极，这里有个简单的图表。你可以把书翻过来找到南极，或者倒立着看。

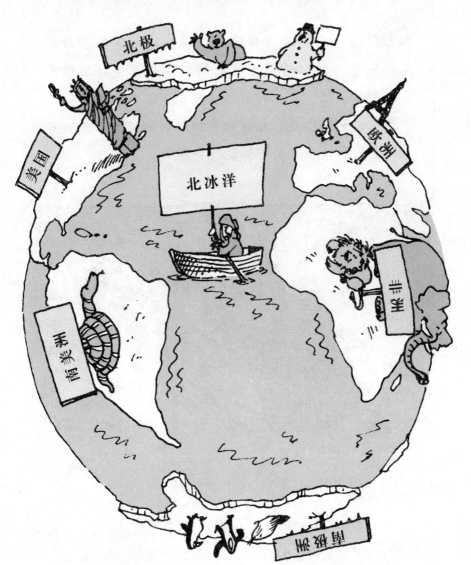

极地天气报告

准备一次个人的极地探险吗？出发前，最好看一下格洛丽亚的极地天气预报：

今天早晨，天气非常寒冷，气温在冰点下很多很多度。下午大风，并可能有暴风雪。冬天走路时请小心，全天漆黑一片。明天的天气情况基本相同，后天也是，大后天也是。如果你能待的时间长一些，到夏天气温会高一点，至少你能看见路了。

极地天气警报

如果你觉得你住的地方冬天真冷，再想想吧！要命的两极比你住的地方不知要冷多少倍！无论你什么时候想去，你都要裹得严严实实。如果你想活着，一定要注意下面的天气预报：

牙齿打战的寒冷程度

这是官方的描述。冷得要命的两极是地球上最冷的地方。在南极，平均温度达到了零下49摄氏度，比你家的冰箱冷上5倍。

但是比起一个地方来，这还算暖和，这个地方叫俄罗斯东方站，那儿的最低温度达到过零下89摄氏度，足以把你冻死。相比而言，北极算是很温暖了，仲夏的时候，温度可以到零摄氏度，冬天是零下30摄氏度。为什么极地会这么冷呢？不好意思，讨厌的科学又来告诉你。因为地球是球面的，太阳照在两极上角度很大，阳光要覆盖很广大的面积，光线就越来越弱。况且，阳光要走很长的路，穿过更厚的大气层，才能到达两极。就这样，在到达地面之前，热量被吸收了，或者被大气散射掉了。

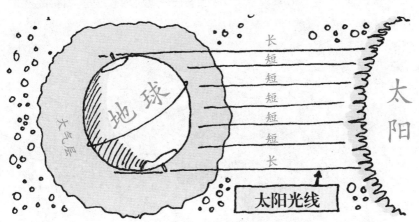

更要命的是，到达极地的光线被白色的冰反射回去。地理学家管这个叫反射现象。简单地说，黑颜色吸收热量，白颜色反射热量。你明白为什么在热天里，穿白色T恤衫要比穿黑色的凉快了吧！不信自己试试。

风力：凶猛而且多风

可要注意两极的风。风可以吹得海豹的肉在你的肚里翻腾（说句笑话，不是那样的风）。极地的风可以沿着陡峭的冰面以每小时200千米的速度吹，和火车一样快，足以把你掀翻，或者用让你睁不开眼的雪暴痛击你。这样肆无忌惮的雪暴是由风吹起来的。你要是遇见一次可真倒霉。雪会疯狂地向你嘴里吹，使你不能呼吸，你也看不见任何东西。这是极地探险者失踪的主要原因之一，结果通常也是悲惨的。更糟的是，风使你感觉比实际更冷。风越猛烈，人越觉得冷。想想这个！在零下35摄氏度的时候，风以每小时50千米的速度吹，人的感受就像在零下80摄氏度的环境。如果你不把自己严严地包裹好，几秒钟之内，你就会冻得硬邦邦。很恐怖吧！

湿度：像骨头一样

严格地讲，地理学家认为南极就是荒漠。他们的脑子可还没冻成冰柱。这样的沙漠和你想象的沙丘、枣椰树和骆驼的沙漠不一样，但依然是沙漠。地理学家给荒漠的定义是每年的降雨或降雪小于250毫米。而南极的降水量只有这个量的1/5。虽然它的上面覆盖着冰，可南极的有些地方比撒哈拉沙漠还要干燥，像在麦克默多海峡附近的干燥的峡谷，两百万年来就没有下过雨。

令人震惊的事实

　　信不信由你，南极曾经是温暖的热带气候。科学家们在澳大利亚、南美洲和南极洲的岩石里，找到了相同的植物和动物的化石，表明2亿年前这些大陆是连在一起的。令人惊异的是，那时南极有茂密的森林，有恐龙出没。大约1亿8000万年前，这3块大陆被海洋分开。南美洲和澳大利亚依然温暖，而南极洲漂向南极点，变得越来越冷。

可怕的极光

在北极冬天的晚上，如果你想出去走走，你会马上看到明亮的闪烁的光。别紧张！这可不是外星人的飞船来绑架你的老师（你希望这样，是吧）。这种美妙的极地之光叫作北极光（aurora borealis）。 这是太阳发出的带电物质进入大气层时产生的。你已经知道了，是吗？在古代，人们可一点儿也不知道是什么原因，于是那时的人编造各种故事来解释。

简单地说，AURORA BOREALIS 意思是北方的灯光。AURORA 是古罗马的黎明女神，BOREALIS是指北方。在南极，你可以看到南极光，或者叫AURORA AUSTRALIS.

妙极了！

1. 加拿大的因纽特人认为天空是地球的圆屋顶。圆屋顶上的洞让光线漏下来，让死人的灵魂飞出去。他们认为极光是带领灵魂通往天堂的火把。

2. 维京人认为北极光是天上战士的呼吸。他们死了以后，还要在天上继续战斗。

3. 还有的人觉得这样的光线可怕得很。他们认为极光会传播死亡、疾病和战争（他们这样想当然不对）。为了防止不祥之兆的应验，最好不要和极光待在一起，不要挥手，不要吹口哨，也不要看。否则极光也许会下来抓你。你害怕了吧！

发现猛犸象

注意：当你痴迷地看着极光的时候，小心你的脚下。你可能会被一个真正的巨大的惊喜绊倒，我是说你可能会碰到一只猛犸象。你还不知道，在西伯利亚坚硬的土地里（由于冰冷刺骨，这块土地从来都不融化，所以被叫作永久冻土），发现了许多冻死的猛犸象，它们浑身是毛，像现在长毛的大象。在上一个冰川期之前，它们已经在地下埋了很久很久。有的猛犸象保存完好，你还可以看到它的乱糟糟的、发红的毛发，你甚至可以把它当作美味佳肴。19世纪，在一次俄罗斯的宴会上，解冻的猛犸象肉排是当时的主菜。想尝一口吗？

不再加一点猛犸象肉吗？

这里只有个小问题。在你开始享受你的野兽大餐之前，你一定要先把它解冻。让我们看看怎么做。

解冻猛犸象工作流程

你需要的工具：

▶ 冻着的猛犸象，大概20 000岁。

▶ 工具，例如铁锹、鸭嘴镐、钻头、风钻。

▶ 一架直升机。

▶ 许多吹风机。

▶ 一个大烤箱和冷藏库。

▶ 一个防毒面具。

你需要做的是：

1. 第一步，去找你的猛犸象，但一定要穿得暖暖和和的。在冰天雪地的西伯利亚，你最有可能找到它。

2. 把猛犸象挖出来。说得容易，冻土像水泥一样硬，不过你的风钻能够完成这项工作。

3. 把它从土里抬出来。你不得不使用直升机，可是要注意把绳子拴紧了。这个裹着冰的猛犸象有20吨重啊！

4. 找一个不错的地方存放你的猛犸象，像一个大冷库或是一个冰洞。这样在你把冰敲掉的时候，它不会化开和发霉。

5. 用吹风机给它解冻。你要注意了，这可是件单调的工作，可能花费你几个月或几年的时间（不过没关系，想想你可以不去听那些讨厌的地理课！你给你的猛犸象解冻的时候，要戴上防毒面具，因为它会释放一股恶臭）。

6. 做一顿不一样的烤肉餐，在你的巨大的烤箱里烹制它（时间：一个星期）。加点蔬菜和肉汁，再用象牙装饰一下。简单极了！你还没有从你的猛犸象大餐中缓过劲来，又有了个问题。什么东西这么冷，这么白，又

这么滑，是不是学校的可恶的米布丁呀？想放弃了吗？格洛丽亚可不想这样，她要找另外一件事干。什么事？看下一章吧！

冰山的一角

有些人认为冰没什么意思。我的意思是说，除了冰冻猛犸象和冷却饮料，冰——这种冻上的水，还能做什么呢？它的用处大概和一把巧克力茶壶差不多，还没它有味道。但是冰的用处远比你眼睛看到的多，一会儿你就知道了。

你能成为研究冰的科学家吗？

有些像格洛丽亚一样可怕的地理学家，一生都在研究冰。你说什么，你宁可看一只猛犸象解冻？你能成为一名很酷的冰雪科学家吗？如果你觉得每一块冰的样子都相同，你最好看看格洛丽亚的"哪一种冰"，来了解不同种类的冰。

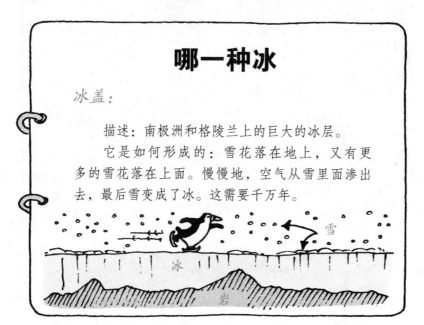

哪一种冰

冰盖：

描述：南极洲和格陵兰上的巨大的冰层。

它是如何形成的：雪花落在地上，又有更多的雪花落在上面。慢慢地，空气从雪里面渗出去，最后雪变成了冰。这需要千万年。

雪

冰

岩

你现在有时间吗？为什么不自己做冰盖？你只要做无数个冰的立方体，就可以了。这就是恐怖的南极洲冰盖的数量。顺便说一下，你需要两个澳大利亚那么大的冷库才能放得下你的冰盖。

冰川：

描述：巨大的冰流成的。

它是如何形成的：冰川由冰盖中间的冰流淌而成。一眼看去，冰盖是很坚固的，但是，冰却像生日蛋糕上的糖衣一样，它从冰盖的中央开始，慢慢地向海的方向流。南极著名的兰伯特冰川有515千米长，40千米宽，那真是个大生日蛋糕。幸运的是，这个大冰川是像蜗牛一样地爬，每天大约爬2.5厘米。

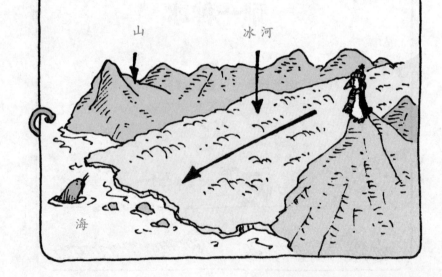

山　　　　　冰河

海

冰架：

　　描述：大块的冰板，与陆地相连，却是漂在海上。

　　它是如何形成的：从冰盖或冰川流到海上的。冰架是连在冰盖上的，而冰山则是与之脱离开的，漂浮在海面上的。冰架可以是很大的。南极的罗斯冰架就和法国一样大。

海冰：

　　描述：海面上薄薄的冰。

　　它是如何形成的：冻上的海水。北冰洋和一部分南极附近的海面，在冬天冻得很结实。实际上，冬天海冰的面积使南极扩大了一倍。这样的冰只有几米厚，大多在夏天就融化了。浮冰群由破碎的海冰组成，顺着风和水流漂荡。与海岸连在一起的海冰叫固定冰，对船只来说它非常危险。

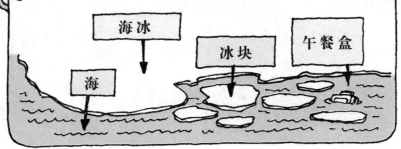

以上举的4样只是冰山的一角。你要去格洛丽亚的叔叔吉诺开的极地冰激凌店去看看其他的。去吧，你会受到欢迎。从6种令人兴奋的冰凉风味里挑吧！保证它们会化在你嘴里。

吉诺叔叔的冰激凌店

走遍世界，你也要找它！

1. 妙不可言的河底冰：

针状冰晶的混合，从你的牙缝间吸进去，流畅可口。

2. 完美的薄饼冰：

又圆又平，形状像薄饼，但更加松脆。它们漂在海上，在冬天海水刚开始结冰的时候，取一块尝尝。只适合大嘴的客人啊！

3. 美食家的油脂冰：

海冰的稠汤，表面有油脂光泽。适合喜欢滑溜食品的顾客。

4.太阳杯特选：
由海浪和风雕刻出来的大冰雕，形状像大蘑菇。素食者特供。

5.山脊甜点：
由风抽打出来的山峰状和沟槽状的冰，有点像漂亮的柠檬蛋白派上面的配料。

6.华丽冰山：
今日特选，一种你从未吃过的冰棍，能够使你冷静许多年。注意：在你开始舔之前，请看以下事项。

冰山的8个真相

1. 冰山是从冰川和冰架分离开的大块的冰，我不是指一块或者两块，而是每年有成千上万块。疯狂的地理学家称这种分离为"生小牛"。你会想，这么说小冰山

就应该叫"小牛"了，对不对？实际并不是这样，他们叫小冰山"growler"。别担心，他们只会叫，不会咬（我是指那些冰雪科学家）。

2. Growler 有大钢琴那么大，在冰山的概念里实在是太小了。比它稍大的叫bergy bits。它们有房子那么大，也微不足道。有些冰山才真是猛兽。在南极，大的冰山像冰的海岛，可以有150千米长，150米高。北极的探险者海军上将理查德·伯德第一次看到冰山时，真是吓坏了，他写道：

这些冰块组成的舰队比世界上任何舰队都庞大，它们在烟雾笼罩中游荡……

3. 冰山有各种大小和形状。下面是常见的冰山的图片，你能找出最奇怪的吗？

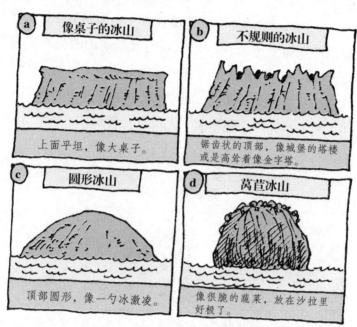

a 像桌子的冰山	b 不规则的冰山
上面平坦，像大桌子。	锯齿状的顶部，像城堡的塔楼或是高耸着像金字塔。

c 圆形冰山	d 莴苣冰山
顶部圆形，像一勺冰激凌。	像很脆的蔬菜，放在沙拉里好极了。

4. 世界上最大的冰山是"USS 冰川号"的船员在南极洲的岸边发现的。1956年，当一座像比利时那么大的冰山从身边漂过的时候，他们一生中从没这么害怕过。想象一下这么大的一根冰棍！幸运的是，他们没有被吓死，还能讲这个故事。

5. 关于泰坦尼克的乘客和船员，可以讲得更多。这是一艘当时最豪华的游船，曾经被认为是不会沉没的。1912年4月，泰坦尼克开始了它的处女航，从南安普顿穿过北冰洋到纽约，船上的乘客超过2000人。那天天色很晚，海上到处是浮冰。当守望的人看见前方的冰山的时候，船已经来不及躲闪。冰山在船的边上划了一个大洞，海水灌进来。几个小时之后，船就沉没了，有1490位旅客遇难。

6. 因为冰山的7/10是隐藏在水下，所以不容易发现它们，这可是个麻烦。你看到的只是冰山的尖儿。现在，国际冰巡查组织的飞机可以搜索北极的海面，向过往的船只提供冰山警报。科学家还用雷达和卫星跟踪冰山，在有些冰山上还安装了无线电发射装置，科学家可以知道准确的冰山的位置。

7. 在冰山上贴标签听起来挺容易，可是冰山并不在一个地方停留很久。随着风和洋流，冰山可以漂上几千千米，这样就能够摆脱科学家的追踪。北极的冰山曾经被人们在南面温暖的百慕大发现过。大多数的冰山在两年内就会破裂融化，然而有些冻得结实的冰山则可能20年也不化。

8. 以下情况对人类可大有用处。如果一座中等的冰山融化了，融化的水足够一座大城市使用几个星期，对于像澳大利亚和中东这样少雨的地方来说，这是好消息。只有一个小问题，你怎么能把一座冰山完整地拉走？科学家设想，也许可以造超级拖船来从南极拖冰山，这样也要耗去一年的时间。这些科学家是认真的吗？他们古怪的计划能实现吗？现在这么做恐怕成本太高，等等看吧。就目前而言，他们看好的是冰。

令人震惊的事实

在日本和加拿大的北极地区，一些公司在卖从冰川上切下来的冰，用来冷冻饮料。冰融化的时候，几千年以来藏在冰里面的空气像泡沫似的发散出来，你知道这有多冷？

给老师的难题

下次老师让你回答一个讨厌的问题时，用这句来对付他。你要微笑着，仿佛一块冰川里的冰不会在你嘴里化掉，然后举手说：

老师，冰能告诉我们时间吗？

冰冻傻瓜

他会目瞪口呆，忘记了刚才问你的问题。可你到底在说什么啊？

答案

你可别不相信，这个问题的答案是……能够！为了更多地了解冰，冰雪科学家在冰上钻很深的孔，抽出长长的棍状的冰，像大冰棍似的，他们称做冰芯。通过一层一层地数冰层，就可以知道这块冰的年纪了。最近，科学家在南极钻了3千米深的冰，你知道最底层的冰有多长的历史？250 000年啊！

噢，六个半！

救命！ Nunatak 来了！

不对。这和修女（ nuns ）没有关系。Nunatak 是指冰盖上突出的山峰或岛屿。这是一个因纽特人的词，意思是连接的陆地。

对勇敢的探险者恩纳斯特·沙克尔顿爵士来说，Nunataks不是他要担心的。如果他这一生中再也看不到冰，这可不是一天能忘记的。既然你的牙齿已经不再打战，让我给你讲这个真实又传奇的故事：

困在南极的冰里1914—1917

恩纳斯特·沙克尔顿从小就梦想着周游世界，富有冒险精神。他16岁就离开学校去航海，之后进了航海学校，成为一名好水手。他有两次几乎到达了南极极点（其中一次是和斯科特船长），但都是由于恶劣的天气没有成功。他想成为第一个穿越南极大陆的人，可首先他要组织一个探险队。于是他在报纸上刊登了广告：

沙克尔顿

招募男性人员：工资低，路程上风险大，异常寒冷，要在长达几个月的漫漫黑暗中行走，能否生还不清楚。一旦成功，荣誉无数。

要是你，你会应征吗？不会的吧！但沙克尔顿很幸运，申请信络绎不绝。他从5000名志愿者中间，挑选了一批最勇敢的人。1914年8月1日，他和他的28名队员乘坐坚固的"忍耐号"船从英格兰出发。摆在他们面前的是地球上最具敌意的挑战，路程的艰险闻所未闻。

在到达南极洲前，他们最后一次停靠的是叫南乔治亚的小岛，再往南就是未知的世界了。

12月，"忍耐号"船驶进了暗藏危险的，冰块密布的威德尔海水域。在危险的大冰块中航行可不像野餐那么简单。一连几个星期，他们都在大块浮冰中寻找一条出路，但他们的努力没有结果。1915年1月19日，灾难发生，"忍耐号"被紧紧地卡在冰块之中，这个地方距离他们在瓦斯尔湾的目的地只有一天的航程。很快它被冻得结结实实。一个队员这样形容："就像太妃糖里的杏仁！"

冰块甚至将"忍耐号"拉向和陆地越来越远的地方，沙克尔顿感他的梦结束了。夏天快过去了，即使他们上到了陆地上，也不可能横穿南极。他们将被迫在冰上过冬了。

起初，这艘船还很安全。但是能坚持多久？没人知道。有两种可能性。一是春天来了，冰会融化，船会自由。另一种可能是，浮冰会把船压碎，就像压碎一个鸡蛋壳。到了10月，情况不妙。伴随着打雷一样的隆隆声响，浮冰裹得更紧。队员们简直不敢相信自己的眼睛，"忍耐号"开始断裂。船上的木头呻吟着，在压力下裂开，裂缝一道接一道。当船向一边倾斜的时候，沙克尔顿命令弃船。人们抢救所有能够拿到的东西，包括3艘救生艇，在冰上搭建营地。他们唯一的希望，就是冰能把他们带到陆地附近，否则的话，前途暗淡。没有无线电通信，没有人知道他们在哪儿。

几个星期后，11月21日，沙克尔顿和他的队员悲哀地看着"忍耐号"沉到冰面以下。

海上的噩梦

好几个月，人们漂在冰上。到了4月，人们明显地感到冰在裂开，而且就在他们脚下。随时它都有可能不存在了，他们的营地危在旦夕。沙克尔顿命令放下救生艇，无论多么困难，他们也要去找陆地。真是很危急！队员们轮流值班划桨，对抗着能够把船撕成碎片的大风。在每班的最后，他们的手都冻在了桨上，不得不将手铲下来。除非特别危险，晚上他们还是住在浮冰上。有一天晚上，冰面漏了个大洞，一个队员裹着睡袋就掉进了海里。沙克尔顿试图把他拉出来，可没有成功。之后，他们就睡在救生艇里。最后，经过6天痛苦的航行，他们到达北部南极半岛的叫作象岛的地方，踏上了多石的冰雪覆盖的海滩。497天以来，这是他们第一次踏上坚实的陆地。

他们的高兴并没有持续多久。在这个与世隔绝的小岛上，是没有获救的希望的，没有人会到这个可怕的地方来。更糟的是，不怀好意的冬天又要来了。沙克尔顿明白，只有一件事可以做，他要去寻求救援。他带着5个队员，乘坐一艘救生艇出发了。这

是一个极危险的壮举。他的目标是南乔治亚岛的捕鲸站，大约有1200千米的距离，并且要穿越世界上风浪最大的海洋。队员们一天一天地在惊涛骇浪中驾驶着小船。天气非常冷，飞溅的海水冻在船上，冰层越来越厚。尽管船左右颠簸，队员们还是要冒着生命危险将冰敲掉，要不然船会沉的。船的唯一遮挡是一块帆布，可船里面的情况像地狱。大小只够同时容纳3个人，又湿又冷，而且狭窄，简直像被活埋。

冰冷刺骨，筋疲力尽，浑身湿透，淡水只够两天用，看样

子他们撑不了多久。可就在漂流了17天之后,他们看到了一条海藻——前面肯定有陆地!他们还没有成功。南乔治亚岛已经近在眼前,天气却忽然变坏。飓风把他们向陡峭的悬崖吹去,想让小船粉身碎骨。他们需要超人的努力才能抗拒,他们居然做到了,把小船停到了一个小海湾。

奄奄一息

又有一个小问题——捕鲸站在岛的远端,划船过去太危险。只剩下一个解决方案:他们只能徒步前往。这对已经奄奄一息的人们来说是个可怕的打击。这里距离捕鲸站的直线距离只有35千米,但对他们来说,远得像在月球上。在此之前,还没有人能穿过这个岛,而且也没有有用的地图。在通往捕鲸站的路上,既有覆盖着冰雪的山峰,也有致命的冰窟窿。路途虽然艰险,他们也要走下去。5月19日,沙克尔顿和两个队员带着一段绳子、一把冰斧就出发了。他们把3天的粮食塞在袜子里。为了不滑倒,他们把船上的钉子起下来,钉在鞋底上。他们顽强地向前走,不敢停下来休息一下,一直走了36个小时。只要有一步走错,他们就会坠进冰海里,必死无疑。

在5月20日的中午，他们摇摇晃晃地走进了捕鲸站。他们克服了所有困难，他们成功了。衣衫褴褛、表情奇怪的沙克尔顿走到惊呆了的站长面前说："我叫沙克尔顿。"后来的情况表明，他们刚好及时地到了安全

地。那天晚上刮起了暴风雪，如果他们赶上了，一定没命。那一年的晚些时候，沙克尔顿驾船去象岛救他的被困的队员。难以置信的是，尽管经历坎坷，他们所有人还都活着。

考考你的老师

恩纳斯特·沙克尔顿可以成为一个好的老师。他机智，勇敢，乐观，是个天生的领导者，简直就是个英雄！怎么样，你所认识的老师没一个这样的吧！他是有史以来最著名的探险者之一，你的地理老师会知道他的所有事，而且这很可能是他的强项。用下面的问题来考考他：

1. 沙克尔顿的船叫作"忍耐号"，为什么？

a) 这是一个古老家族的格言。

b) 这是印在谷物包装背面的一个词。

c) 来自一次著名的海战。

2. 去南极的路上，船上的猫掉到水里，沙克尔顿会做什么？

a) 任它淹死。

b) 掉转船头去打捞。

c) 把船里的老鼠扔给它吃。

3. 沙克尔顿的绰号是什么？

a) 老板的靴子

b) 暴躁的人

c) 老板

4. 沙克尔顿的父母希望他做什么？

a) 医生

b) 探险者

c) 兽医

5. 下面的哪本书是沙克尔顿写的？

a) 《惊险南北极》

b) 《南方》

c) 《南极的心》

应该叫什么名字？麻烦的两极？塞冷的两极？紫色的两极？帐篷支柱？

答案

1. a) 沙克尔顿家族的古老格言是"Fortitudine vincimus"。这是拉丁语，意思是"我们靠坚持不懈而征服"。

2. b) 除了猫，船上还有69条狗。不幸的是，后来为了保持食品供应，这些动物都被扔掉了。

3. c) 沙克尔顿是个天生的领导者，也很聪明。自己不干的事情，就不会叫队员们去干，因此他的队员赴汤蹈火都跟着他。

4. a) 沙克尔顿的父亲是名医生，他希望儿子步他的后尘。

5. b)和c)。《南极的心》记录了沙克尔顿第一次前往南极的经过，他只差160千米就到达目的地。《南方》则记录了1914年至1917年他的史诗般的航行。这两本书都很畅销。

有一件事是确定的，依靠恐怖的冰是危险的。就算你的船不会摔成碎片，你也会因为喝冰水而死去。想想你真幸运，在温暖你冻僵的脚的时候，还能喝一杯热气腾腾的饮料。下面，你将遇到的寒带动物可真是生活在冰天雪地里啊！

冰窖里的生活

有些人总自诩了不起，你知道我说的那类人。冬天，你穿得像埃及的木乃伊，他们却只穿一件背心，而且还见人就说这天有多热。

他们真的那么抗冻吗？如果温度到了零下20摄氏度呢？如果还有黑暗和刺骨的风呢？这就是百分之百的极地气候。谁能肯定什么东西能在那儿生活，而不被冻死？

难以置信，许多耐寒的动植物还把冷得要命的两极当做美好的家。它们怎么能在那块地方生存？让我们来走访一下世界上第一家（也是唯一一家）极地宠物店。

健康须知

有些宠物非常危险，特别是当它们饿了的时候。你想把它们训练得能替你取拖鞋，或是使用遥控器，那你可枉费心机。另外，你的宠物需要冰冷的环境居住，最好是室外。放在屋里，一定要关上空调。如果太热，它们活不了。

寒冷的极地宠物店

你是个孤独的地理学家吗？你想在严寒的极地夜晚找一个小伙伴，蜷曲在你身边吗？别东找西找了！请来访问极地宠物店。我们敢保证你不会找到任何毛茸茸的兔子或者傻乎乎的金鱼。

银鱼的血里有防冻剂，就像你爸爸冬天放在汽车里的那东西。这可以使鱼不被冻死。很酷，是不是？你忘了喂它也没关系，它习惯了经常饿着。在冰凉的海水里，有时候食物很难找。虽然它看上去从容不迫，可是一有机会，它可以吃任何东西。

1. 迷人的银鱼

特征：地道的海鱼，牙齿大，口鼻大，眼睛也大，像鱼里的怪兽。大小：你需要一个大鱼缸，它可以长到60厘米长。居住地：南部海洋。

北极狐可以改变自己的颜色。夏天，它长着和冻原★岩石相似的薄薄的棕灰色的毛，这种美妙的伪装可以躲避它的敌人。冬天，它换上厚厚的白色的毛，和冰雪的颜色一样，保证它不会冷。夏天，毛茸茸的小旅鼠是它最爱吃的点心。而在冬天，它跟在极地熊的后面，啃吃熊的剩饭。

极地块 极地块 极地块

美味球 美味球 美味球

2. 奇异的北极狐
    特征：像狐狸一样，还能像什么呢？
    居住地：北极的冰上和冻原上。

53

★ 冻原是北极附近广阔的冰雪荒地，上面有低矮的灌木生长，但是因为太冷而不会长树。冬天，冻原的表面会冻上，在夏天融化。

别在意它们讨厌的外表，海蟑螂可以是很好的宠物。由于海水冰冷，又没有多少食物，它们必须保存体力，所以它们的生长和运动都非常慢。

它们吃海底的碎东西，包括虫子、海底小生物，以及海豹富有营养的排泄物。

3. 大个海蟑螂

特征：像个大潮虫，像真正意义的大潮虫一样大，可以有17厘米长（相当于普通潮虫的10倍）。居住地：南极海底。

我讨厌在睡衣上发现它！

跟随周游世界的北极鸥，你可能有困难，它太爱旅行了。北极冬天的时候，它在南极过夏天，然后再飞回北极过夏天。这样它总能赶上好天气，而且在途中还能享受一两次美味鱼餐。想收拾行装和它一起走吗？这可要走40 000千米啊！

4. 周游世界的北极鸥

　　特征：白色的海鸟，黑头，红嘴，长长的叉子一样的尾巴。尾巴小，剪得像破折号。居住地：北极和南极。

5. 贼头贼脑的威德尔海豹

　　特征：大而笨拙，小头，大眼睛。皮毛灰色油亮，有黑灰斑点。大小：3米长，最重可以到半吨。居住地：南极的冰面上。

威德尔海豹在暖和的时候，多数时间生活在冰下面。它用牙在冰面上咬出呼吸孔（难怪它们经常会掉到水里）。它的皮肤下面有厚厚的一层脂肪帮助它保暖。它吃深海的鱼和乌贼。
它是出色的潜水员，在捕猎的时候可以一个小时不呼吸（不管你怎么跃跃欲试，也不要在家里试啊）。

55

极地宠物店

隆重推出本周之星

最酷的极地宠物，惊人的

北极熊

特征：大白熊

牙齿锋利：用来捕捉和咀嚼猎物（注意，你可别成为它的盘中餐）。

毛手掌：像雪鞋，在软的积雪上行走不会陷下去。如同短桨一样的形状也适合游水。

头小耳小：减少热量损失。

白色的皮毛：在冰面上可以隐藏起来。

长鼻子：呼吸的时候，可以先对冷空气加热。还可以嗅出海豹的位置。

利爪：能抓牢光滑的冰面，也能撕烂海豹。

厚厚的皮毛：可以御寒。它的毛是中空的，可留住太阳的热量，上面的油脂可以防水。皮的底下有厚厚的脂肪层，既能保暖，在需要的时候，也能转化成食物和水。

如果你想养只北极熊做宠物，我给你句忠告，这不容易。一小碟牛奶和一小碟鱼可不行。北极熊不是喵喵叫的猫。你还想养吗？看看下面的注意事项：

饲养北极熊手册

▶ 给你的新宠物找一个大床，应该说找一间大屋子，因为北极熊实在太大了。我在旅行中遇见过一吨重，站起来有3米高的熊（比你高一倍）。想象一下你带着这么个宠物散步！它们是体积最大，也最凶猛的肉食动物，你一定要注意，离那些锋利的牙齿远点！

▶ 带你的熊去游泳，它需要大量运动，别老是走路。北极熊是游泳高手，狗刨很有两下子，而且它们可以连续游很多天。它们要是走失了，你也不要着急。它们想休息的时候，经常爬到浮冰上面，有时漂漂开去，会有几百千米。

坚持！

▶ 储存海豹肉。一般的食物不会让你的宠物满意。北极熊最喜欢新鲜的海豹肉，最好是整只的。它们是小心翼翼的猎手，捕食的时候，它们把黑鼻子藏在爪子的后面，趴在海豹的呼吸孔附近静静地等候。海豹出来换气的时候，北极熊就狠击海豹的头。真厉害！北极熊灵敏的鼻子能够闻到一千米之外的海豹，即使海豹藏在冰的下面。

呼哧！
呼哧！

▶ 驯化你的北极熊，如果你有这个勇气。我得告诉你，它们有些坏毛病。如果吃得不够，它们会跑到城里，翻腾别人的垃圾箱。在加拿大的丘吉尔镇，小偷小摸的北极熊引起人们的不满，他们还把一只熊送进监狱。屡教不改的北极熊被人们打上麻醉剂，用直升机拉走。它们被放到安全的地方，离城市很远。

▶ 别上它们乖巧外表的当！北极熊的小熊看起来真可爱，是不是？尤其是印在圣诞卡片上的。但是，以貌取熊可是错误的。现在它们看上去眼睛大大的，皮毛软软的，像小狗小猫一样，可是它们也会长大。它们一会行走，就开始学习捕猎。如果你想抱抱小熊崽，它们一定会咬你一两口。

令人震惊的事实

南极没有熊，在那里根本就没有大型的陆地野兽，那儿太冷了。在南极，最大的常年居民是一种不能飞的小昆虫，这小东西只有12毫米长，就这么小……

这种昆虫长翅膀也没有意义，因为风太大。更小的螨虫生长在海豹的鼻孔里（它们若是能被训练得帮你挖鼻孔就好了）！

选一只企鹅

如果你没地方养北极熊，螨虫又太讨厌了，为什么不选个企鹅呢？你可能觉得企鹅傻乎乎的，像个时髦餐馆的服务员。你可能是对的。但是说到在寒冷的环境中生活，勇敢的企鹅可不是呆鸟的脑袋。我们拿帝企鹅做个例子。

帝企鹅

小嘴：减少热量损失。

翅膀在游水的时候当作脚蹼（企鹅不会飞，游泳却是一流）。

厚厚的防风防水的羽毛。

厚厚的脂肪层。

养育(小企鹅)袋。

小脚：减少热量损失。

寒冷的天气不会使帝企鹅惊慌。它们可厉害了！在南极最冷的时候，它们也觉得气候舒适，依然住在冰上。它们的孩子也在那儿出生。想象一下你是只小企鹅，你能活下来吗？

你能做一个帝企鹅吗？

1. 你的妈妈在它的脚边下了一个大蛋，有12厘米长，这就是你生命的开始。然后它溜到一边捕鱼去了，你的爸爸来照顾你。

2. 你的爸爸用脚尖把你放平了，用它肚子上的一块像帽檐似的毛皮将你盖住。这块皮叫做养育袋，蛋在它下面，温暖又舒适。如果蛋落在冰上，里面的幼崽肯定没活路。

3. 你的爸爸就这样待上60个白天，60个夜晚。没有食物，也没有任何遮挡。天气很恶劣，温度降到零下40摄氏度，它还要受到暴风雪的袭击。它是不是很勇敢？你爸爸并不是唯一的一个，它和成千上万的雄企鹅挤在一起取暖。

4. 在冬天，你破壳而出了。你的爸爸一直把你带在脚边，直到你有8个星期大。然后，你也长了一身厚厚的浓密的羽毛，可以自己取暖了。

5. 过分溺爱你的爸爸已经几个月没有吃东西了，它瘦骨嶙峋。真及时，你的妈妈回来了，它叼了一些鱼来喂你。你的饿坏了的爸爸，摇摇晃晃地向海边走去，去吃一顿大餐。好极了！

6. 到夏天的中间，你已经可以自己觅食了。你离开家，去海上捕猎。可是你要注意潜伏在冰块边上的豹斑海豹。你知道它们最喜欢吃什么吗？——小企鹅。

极地海里的生活

　　极地的陆上生活非常艰难，但在极地的海里则完全不同。虽说海水也很冷，但里面有许多食物可以满足饥饿的捕猎者，因此海里面充满了生机。海里面的动物组成了食物链，科学家用这个词来描述动物和它们食用的动物之间的关系。多数食物链从植物开始。典型的食物链就像这样：

南极海域的食物链就像这样：

① 海藻
单细胞植物

② 虾
吃海藻的小虾

③ 蓝鲸
这种世界上最大的动物（别再为恐龙伤心了）喜欢吃磷虾

磷虾的秘密日记

磷虾是一种粉色的虾，只有5厘米长。你可能会想，一条蓝鲸要吃多少才能吃饱啊！蓝鲸的胃口非常大，它每天可以吃4吨磷虾！想想你在学校的午餐吃那么多！磷虾还不光喂蓝鲸。海鸟、企鹅、海豹和鱼，它们都是吃磷虾的，所以，你知道磷虾在极地的食物链里面有多么重要。磷虾是什么样呢？我是说，整天被追赶，最后成为别人的盘中餐，可不是一件高兴的事。假设一下，一只磷虾保存了一本日记（你可要充分发挥你的想象力）。

我的神秘
日记
作者：磷虾

南极海，仲夏。

下午1点。和同伴边游边吃午饭，自己顾自己。觉得有点饿了，于是去找好吃的冰海藻点心。

我吃饱了！

下午1点10分。差点就抓到一块点心，这时一条蓝鲸游过来。那么大的嘴！它们为什么不找它们那么大的东西吃呢？还该说说餐桌礼节。它们张着大嘴游来游去，不知道这很不礼貌吗？

我要妈妈！

几分钟之后……

下午1点20分。被卷到蓝鲸的嘴里了，这欺负人的家伙。幸运地和一些同伴逃出来，其他的被它吞到肚里，变成了蓝鲸的午餐。做磷虾可真命苦，你都需要在后脑勺长眼睛。

下午3点。蓝鲸向我扑过来了。那个硕大肥厚的嘴直淌口水。

注释：很不幸，这是磷虾日记里面最后的话。运气没了。蓝鲸在意吗？不在意，毕竟海里有很多的鱼。

磷虾成群地游动，每群有10 000 000吨。这一群群的规模之大，船只上的雷达可以发现，就连太空里的卫星都能观察到。科学家估计，在南极海域磷虾的数目是地球人口的100倍。这么大的数量，蓝鲸很容易就找到。

健康警报

设想你正在吃一盘香肠和薯片，磷虾的香肠和薯片。再来一个磷虾芝士三明治？信不信由你，人们越来越喜欢磷虾做的食品。问题是你必须尽快吃下去，磷虾很容易腐烂变质。

勇敢的极地植物

大多数植物喜欢温暖、阳光普照，并有一定降雨的地方。在这些地方，植物容易开花生长。在两极你可找不到这样的所在。你会觉得，在寒冷、干燥、多风的极地气候下，植物一定会枯萎，然后死掉。可是，令人惊奇的是，有些植物依然在生长。下面就是这些植物的真相，它们也许正想着移民呢！

1. 别管土壤怎么样。 一些南极海藻（小的单细胞植物）在雪里没有供划水的毛，这样它们可以接收到制作食物的阳光。为了使自己不被冻坏，它们产生了类似防冻剂的东西。在某些地方，海藻把雪变成了明亮的粉色，就像山莓冰激凌。植物的红色作用就像防晒油，使它们不被极地的阳光晒坏。很聪明吧！

2. 挑剔你吃的东西。 秃秃的岩石就可以养活地衣，所以它们适合在极地生活。地衣产生酸性物质，可以溶解岩石，使岩石裂开。之后，它们的小脚就可以伸到岩石中去，吸取其中的营养，以此为食。另外的一些地衣，则以海豹或企鹅留在岩石上的粪便为生。好玩吧！

3. 学会随遇而安。

有些南极的海藻是生活在坚硬的岩石里面。它们喜欢黑色的岩石，这样可以吸收更多的太阳热量（又是反射率的作用），躲在岩石里面也让狂风进不来。这种海藻通过细小的裂

缝爬到岩石里面，利用通过岩石的纹理漏下的阳光生存。

4. **尽量慢地生长。** 这是地衣应付严寒的办法。在冷得要命的两极，一年可能只有一天的温度能够让植物生长。因此，白菜叶子大小的一块地衣，可能已经生长了几百年了。学校里扔掉的烂白菜可没那么老！

5. **不要在冬天开花。** 冬天又黑又冷。但当夏天一到，极地的植物便急急忙忙地开花。你知道吗，它们在下一个寒冷季节到来之前，必须尽快行动，尽快播种。

6. **低下你的头。** 极地的树不像你在外面看到的树那么高大茂密。它们非常小，以至于你能从上面跨过去。极地的树，例如北极柳树，为了躲避呼啸的风，长得矮小和纤细。像长寿的地衣一样，它们的生长也很缓慢。铅笔粗细的柳树可能已有几百年历史了（顺便说一句，在南极就根本没有树）！

你在两极能看到的不仅仅是像平平的企鹅，巨大的鲸鱼和袖珍的极地树。还有一些人，他们觉得这种严寒的环境非常清新。他们是彻底疯了，还是包裹得很暖和而胡说八道？为什么不赶快看看下一章，会会他们这些人呢？

走我的路？

非凡的极地人

极地生活对北极熊来说都够冷的，人怎么样呢？虽然环境恶劣，还是有一些坚强的人选择住在北极。他们到底是如何生活的？北极的当地居民——因纽特人，最有权告诉你。他们毕生都生活在冰雪中。

顺便说一句，没有人常年生活在南极。那儿实在太冷。在本章里，你倒是有可能碰到一两个古怪的南极科学家。

一个出租车

极地居民

因纽特人主要生活在冰冷的阿拉斯加、加拿大北部和格陵兰。传统意义上讲，他们在北极游弋，通过捕鱼和狩猎获取食物。他们的生活随季节的变化而变化。夏天，他们在海边捕捉海豹、鲸鱼和海象，为冬天储存食物。冬天，他们进入内陆捕捉驯鹿。因纽特人从陆上和海上获取生活需要的一切，所以对他们冰天雪地的家园充满敬意。他们小心地不去破坏它。

因纽特人是怎么做的呢？你做好了准备去发现他们的生存秘籍吗？如果你正打算去拜访因纽特人，一定要提高警惕。你可能会想，太多的作业和太少的零用钱已经使你受过考验。可是，毕竟每次出家门，你没有冒着被冻死的危险。在北极生活可艰苦得多。因纽特人对冰雪的了解就像了解他们自己的手背，他们是极地生存专家。即使这样，稍微走错一步，他们和你都很容易就不在人世了。

如果你想学着像当地人一样生活，为什么不看看《因纽特人极地生存指南》？里面有全部的生存指示和窍门。问问格洛丽亚，她离开家时肯定带着这本书。

给老师的难题

你的老师是不是经常炫耀她会说多少种语言？真无聊，是不是？试试这个饶舌的难题。当老师向你要作业的时候，微笑着对她说：

老师，我还没做完。我的qarasaasiaq出故障了！

你需要看医生吗？

答案

不需要。你没有错。在因纽特语中，qarasaasiaq是计算机的意思，它由3个词组成，就是小的，人工的头脑。如果因纽特语中没有合适的词说明一件事，他们就简单地造一个。你的茶里要放糖吗？你应该去要"像沙子一样的东西"。

69

新来者的生存技巧——
作者：因纽特人

第一课：着装

如果你准备出发去要命的两极，你需要为此准备行装。不要光想着看上去很酷，保暖才是最重要的。加一件套头毛衣不管事，虽然这可能是你的奶奶为圣诞节特意给你织的。你需要穿很多层的衣服，以使你皮肤旁边的温度保持温暖，并且能让汗散发出去（否则，会带走热量，还会冻在你的皮肤上）。为了暖和与舒适，看看当地人是如何穿戴的，然后，照他们那样就行了。这在因纽特人中间才是最酷的。

这是一款传统的因纽特服装，他们穿了几百年。现在，许多因纽特人也从哈德逊湾公司购买时尚的衣服，他们也会邮购。

好极了！

令人震惊的事实

不管你怎么想，短风雨衣并不是笨人才穿的。在因纽特语中，annuraaq是一件真正酷的衣服，当然，它的实际意思是保暖很好的衣服。

驯鹿皮衣服：

　　穿的时候，毛朝外。动物皮既保暖，又防风。里面再穿一件更厚的海豹皮或鸟皮做的紧身衣，毛朝向你的皮肤。

狐狸或狼皮做的修剪整齐的圆兜帽：

　　防止你呼吸的空气冻在皮肤上。

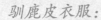

北极熊皮的裤子：

　　穿的时候，毛朝外。把裤子扎进靴子里，防止热量散发。里面再穿一条更厚的海豹或狐狸皮的裤子，毛朝里。

海豹皮连指手套：

　　你也可以把手缩进袖子里，防止手指冻伤。

海豹皮皮靴：里面穿羊皮或海豹皮的袜子，毛朝里。如果太冷，可以一只套一只地多穿几双。

作为战利品的靴子

如果你想要一双新的训练鞋，你只需跑到鞋店，容易极了。在寒冷的北极，可没有那么多商店。手巧的因纽特人通常是自己做衣服。有兴趣知道吗？为了后面的旅程，你也需要一件。现在看看他们是怎么做海豹皮皮靴的。

注释：

过去，数量巨大的海豹被大规模地捕杀，仅仅为了它们的皮毛。现在，这种行为被严格控制。因纽特人依然有捕杀海豹的权力，因为他们要靠海豹的肉和皮毛来生存，而不是为了运动或奢侈品而杀海豹。

1. 首先要抓到一只海豹。做起来可不那么容易。海豹多数时间生活在水里，在冰的下面。幸亏因纽特人是捕猎专家，他们知道在哪里找到海豹的呼吸孔。这是怎么回事？他们在冰上找海豹的牙印，或是闻海豹强烈的臭味。

2. 他们手持鱼叉，在呼吸孔旁边等候（如今，多数的因纽特人改用枪了。不过，如果他们一击不中，巨大的枪响会把海豹吓跑的）。他们需要耐心，非常耐心。有时候要等几个小时，海豹才上来换气。

3. 又到海豹之后，把海豹扒皮，肉切成块。因纽特人喜欢吃海豹肉，无论是熟的还是生的。晒干的海豹肠更是一道特殊的佳肴。海豹身上不能吃的只有油腻的胆囊。吃不完的东西会被冻起来，留着冬天用。

4. 把海豹皮展开，用刀子刮去脂肪（他们并不把脂肪扔掉，脂肪是油灯和炉子很好的燃料。因纽特的鞋匠小心地不把皮子划坏，然后在晚上泡在尿里面洗干净（没错，就是泡在尿里面）。漂洗之后，钉在户外晾干。

请尿在我
的靴子里

5. 他们这时才开始制靴子。他们用线绳量腿和脚，从海豹皮上剪下两个鞋底和两个鞋面。海豹皮太硬不好缝，所以他们放在嘴里嚼使它变得柔软，然后把靴子缝起来。因纽特人通常使用海豹骨做的针和海豹筋做的线（如今，他们也经常用牙线代替）。

咯吱！
咯吱！

6. 他们把鞋底翻过来，缝上拉线。这样靴子就做好了。

海豹的灵魂

因纽特人不会忘记的一件事，就是为了捕到海豹，而感谢海的女神——塞德娜。他们相信动物和人一样，也有灵魂。如果你不对海豹表示敬意，塞德娜会吹乱她的头发。这可不是个好现象。塞德娜发怒的时候，她的头发会变得又脏又乱，海豹都缠绕在里面，没有可供捕猎的。若是这种情况发生，一个因纽特人就要陷入一种深深的昏迷状态。通过他的心灵之眼，他感到他去访问易怒的塞德娜在海底的住所，帮她梳头发，以使海豹获得自由。

我要出门帮塞德娜收拾一下了。

一个坏头发的日子!

第二课: 食物

你已经穿戴整齐，想不想吃点东西？北极的寒冷气候不能生长水果和蔬菜，所以因纽特人主要吃鱼、脂肪和肉。你连学校的饭菜都觉得很讨厌，吃这些？事实上，这些古怪的食物不仅健康，而且富含重要的维生素（不像学校的饭菜）。一天打猎归来，因纽特人用他们捕到的猎物，举行了一次丰盛的晚餐。猜猜会怎么样？你也被邀请了!

因纽特人的节日菜单

开胃菜:

▶ 精选冰干海豹肉或驯鹿肉加调味汁。

第一道汁：少量瘦驯鹿或海豹肉，加血和熔化的脂肪，拌以松鸡肠。

第二道汁：储藏在寒冷地方的大块的海豹或鲸鱼的脂肪，腐烂了变成汁。

第三道汁：驯鹿胃里面的半消化物，去除草和叶片的残渣。

主菜：

▶ 克维莱克

这是一种香肠，一种美味的捻成的卷状物。在格陵兰这是一道美味，尤其是在婚礼上。下面就是烹饪法，你也许想在家里做个试试。

原料：

▶ 300只小海雀

▶ 一块带脂肪的海豹皮

多好吃呀！

制作方法：

▶ 把海雀放到海豹皮上，再把海豹皮缝合起来。

▶ 埋在岩石底下，让它腐烂。

▶ 6个月之后再挖出来。

▶ 如果闻起来像臭奶酪，就可以吃了。

注意事项：

吃克维莱克的时候，记住用手把羽毛、骨头和鸟嘴之类的东西拣出来，免得塞在牙缝里。

这种食物自带牙签！

可选择的配菜：

▶ 角鲸的鱼皮片很
有嚼头，有坚果的味道。

▶ 泥状的海豹脑
（趁热吃）。

▶ 多汁的地衣，从
驯鹿的胃里切出来的。

布丁：

▶ 惊喜驯鹿，这可不是葡萄干布丁或牛奶蛋糊。这
种味道刺激的布丁是刚杀死的驯鹿的胃里的热血做的，我
猜你一定想不到。

健康警示：

如果你喜欢吃肝和洋葱，一定要注意这不是北极熊的
肝。北极熊的肝含有大量的维生素A，吃多了会致命的。

第三课：寻找遮蔽物

现在，许多因纽特人住在城里的小木屋里。以前，他
们通常在夏天住在海豹皮的帐篷里，在冬天住在地下的石
头屋子里。可是，设想一下，如果你正在打猎，而这时刮
起了暴风雪，你需要一个温暖的防风的地方，躲上一两个
晚上，可周围除了雪什么都没有。别着急，我来告诉你如
何建一间雪房子，最有名的因纽特式的房子：

需要的工具：

▶ 一把刀（用兽骨或海象的牙做成）或一把锯。
▶ 一些结实的雪。

建造过程:

1. 躺在雪上,伸展开你的胳膊和腿。上下移动你的胳膊和腿,画一个大圆(像做个雪天使)。

2. 切下30块冰,大小和大的旅行箱一样。

3. 把一部分冰砖摆成圆圈,然后按螺旋的方向,一块一块往上放,直到形成圆屋顶的样子。

4. 把最后一块冰砖放在顶上，但要保留一个换气孔。

5. 用雪把所有的缝隙堵上。

6. 挖一个进出通道，一定要在地面以下（这样可以防止冷空气进来）。

温馨的冰屋

重要推荐： 因为雪可以阻热，所以是非常好的建筑原料。不管外面多冷，在你的冰屋子里面，你都会是温暖和舒适的。一个因纽特专家用一个小时就能建好一个完美的冰屋，你觉得你要用多少时间？

因纽特人用他们卓越的生存技巧，在北极生活了几千年。如今，他们的生活也在改变。许多因纽特人被迫放弃了他们传统的生活方式，搬进城市，使用起了现代化设施。的确，超市、猎枪和摩托雪橇使他们的生活容易了许多，但有些人担心他们的传统会消亡。情况还不是那么坏。1999年，在加拿大北部建立了一块新的区域，叫作Nunavut，意思是"我们的家园"，由因纽特人管理，也为他们服务。

南极的科学研究

在南极，情景完全不同。那里太冷，没有常年居住的居民。你可以在那儿度假（很贵啊，你现在就要存钱，请看本书107页如何到那里去），或者作为科学家在那儿工作。虽然天气恶劣，还是有数以千计的吃苦耐劳的科学家和工作人员在南极工作。他们到底为什么要在那儿工作呢？因为对于科学研究来说，南极是非常好的地方。它是地球上最大的实验室，没有任何地方同南极一样。你在学校里上的科学课，单调乏味，你不能坚持着不睡着。但是，南极的科学完全不一样，那里是那样的激动人心。忘记那些无聊透顶的实验和没劲的试管，在南极，科学研究的是冰川，深冻的化石，奇异的野生动物，诸如此类。酷不酷？

你能成为极地科学家吗？

你具备在极地工作的条件吗？试试下面的测验：

1. 你是否非常健康？	是 / 不是
2. 你喜欢露营吗？	喜欢 / 不喜欢
3. 你经常饿吗？	是 / 不是
4. 你戴上护目镜，看上去怎么样？	好 / 不好
5. 你是否脾气温和？	是 / 不是
6. 你有语言天赋吗？	有 / 没有
7. 你讨厌洗澡吗？	是 / 不是
8. 你干净整齐吗？	是 / 不是
9. 你有胡子吗？	是 / 不是

你的表现

7—9个肯定： 　　祝贺你，你很酷啊！你能成为一个好的量杯（这是科学家的暗语，就是指科学家）。

4—6个肯定： 　　不算太坏。不过也许你应该选择不这么冷的工作。

3个肯定或更少： 　　我的天，你从事不了极地科学工作，去做点儿不那么冒险的事吧，比如你的地理作业。

好了，你的成绩不错，你恐怕会得意地想，这下工作有保证了。提醒你这才是第一步。再看看下面的问题，你应该让自己做什么：

1. 是否非常健康？你必须这样。在南极的科学研究中，有非常多的艰苦工作。在你被允许去南极之前，你要经过彻底的体检。多做体育锻炼有好处，为了搭救落在冰窟窿里的人，攀岩也很有用。你可别掉进去。

2. 是否喜欢露营？你最好适应它。在南极，科学家主要住在工作站里，有的就像小城镇，有生活区、实验室、厨房、医院、图书馆、健身房和自己的供电室，甚至还有保龄球道。但是，科学家们也需要长时间在野外做实地考察，那就一定要在外露营。一个金字塔形状的帐篷是最佳的选择，因为在强风中它表现最好。搭好帐篷后，不要忘了插一面旗子，防止暴风雪把你的帐篷埋起来。

3. 经常饿吗？在南极，大量的能量被用来燃烧取暖。你有许多艰巨的工作要做，你也需要吃很多的食物。实际上，在野外工作的科学家每天要吃掉3500卡的热量，是平常的两倍。食物通常是冰干的，重量轻，也容易拿出来。你只需要泡在水里（冰化的水），你的午餐就好了。有些工作站有自己的温室，可以种植蔬菜，这样就能吃上沙拉了。

4. 戴不戴护目镜？不管你喜欢不喜欢，你都要戴上它，防止阳光的伤害。由于冰雪都可以反射南极非常强烈的阳光，如果

不戴护目镜或深色的太阳镜，你会得上雪盲症，几个小时甚至几天都看不见。你不仅需要戴护目镜，作为严肃的极地科学家，你还需要特制的极地装备。别像你的疯狂的科学老师一样，拍打着脏兮兮的白大褂，大声叫喊。你必须穿得暖和。那么严肃的极地科学家穿什么呢？格洛丽亚告诉你更冰冷的时尚。

护目镜：保护你的眼睛不受阳光的伤害，不受风吹来的雪花的伤害。

厚毛茸外套：穿在最外面。毛茸是用塑料纤维做成的，重量轻，保暖性能好。

暖热的内衣：贴身穿的长裤和长袖背心。

背包：装多余的衣服和急救工具。

毛茸面罩和皮线兜帽： 防止汗冻在你身上。

手套： 你需要两副，一副厚的保暖的在里面，外面再套一副毛茸的连指手套。

靴子： 由橡胶制成，表面是帆布，鞋底是厚厚的橡胶钉，这样你不容易摔倒。最好在鞋里垫一副保暖衬垫，再穿上几双厚厚的袜子。

滑雪服夹克： 夹层中间填充羽绒（有点像穿你的羽绒被），可以防风、防水、隔热，使你温暖舒适。而且，它还是透气的，汗可以发散出去，你的衣服不会湿透而冻上。

或者你可以穿上牢固的由塑料制成的登山鞋。在鞋底钉上钉子，使你在冰上站得更稳。

83

提醒： 像坚强的因纽特人一样，南极的科学家也穿很多层衣服。它们的保温性非常好，你要是觉得热，也可以脱下来（这是可能发生的）。在温度降到零下40摄氏度的时候，这些装备依然让你觉得暖和。

可怕的健康警示

在南极，穿得暖和非常重要，否则你就会被冻坏。你的手指、脚趾、耳朵、鼻子会受到袭击。开始是刺骨的疼，之后是麻木，再后来肿起来，颜色变红。最后，

它们发黑了，一个接一个掉下来。可怕吧！

体温过低是另一个危险。症状包括哆嗦、行动迟缓、说话不清。最后，体温过低使你失去知觉，再后来就是死亡。

5. 是否脾气温和？你不得不这样。去南极当然是精彩的探险，可它也有不好的地方。作为新来者，你将在工作站连续待上几个月，与外面的世界隔绝。黑暗、寒冷和狭窄的环境很容易使你烦躁，更不用说你那些同样在受煎熬的同伴了。问题是，情况再糟，你也不能到外面去散步。你只能保持冷冰冰的。你要是太

想家了，发封邮件好了。

6. 有语言天赋吗？这很有用。科学里净是些让人摸不着头脑的词，长长的不说，而且意思经常含混不清。更糟的是，极地科学家有他们自己的暗语。听听下面的话，他们到底在说什么：

(简单翻译)

Dingle day: 好天气！

Jolly: 一次有趣的露营

Smoko: 吃茶点的休息时间

Bog chisel: 检查海冰结实不结实的金属棍

Gash: 垃圾

7. 对洗澡过敏？如果你为洗澡这件事吓得到处跑，这里有好消息。在南极，你可以很多天不洗澡，也没人知道你是臭烘烘的。这是因为气味是潮湿空气中漂浮的物质释放出来的。南极的空气太干燥，你什么都闻不出来。另外，你在南极做野外旅行，根本就没有浴室。你要想方便一下，你只好自己挖一个厕所，也就是挖一个大雪坑，还要像个座厕那样。离开营地的时候，别忘了带走你所有的东西，包括你的排泄物。它们看上去像大冰柱，可只有你知道它们是什么！

8. 干净整齐：你需要这样。在南极，你需要的一切，包括食物、衣服、建筑材料、科学仪器、床、窗帘等，都要用飞机或轮船运来。你也要把你的所有垃圾运走。在以前，垃圾常常给扔到海里，或是埋在雪里。现在，这些垃圾要运回国烧掉或重新处理。否则的话，垃圾的污染会给

我自己的厕所。

南极独一无二的地理和野生环境带来致命的影响。

9. 留不留胡子？这倒不是必需的，但可以使你看上去挺酷。胡子也可以保持你的脸的温暖，要小心别让它冻上。没有胡子，就戴一副假的吧！

在我的胡子长出来之前，我最好穿着这件毛衣。

招聘科学家——马上申请

还想成为一名极地科学家吗？现在来决定你想成为哪一方面的科学家。看一眼《每日地球》的南极版的招聘启事，选一份适合你的工作：

环球日报　　招 工

冰雪科学家——机会难得

工作特点：

如果你喜欢冰，这工作非你莫属。你多数的工作时间是蹲在冰里面的。

要求技能：

钻出冰芯，能够说出冰的年纪（见42页），并做相应的研究，会使用科学仪器。

我们提供：

雷达和卫星，帮助你了解有多少冰，融化速度是多少。

生物学家——条件优越

你将饶有兴味地去研究极地的生物如何生存而不被冻死。

要求技能：

必须能够应付各种事情，包括通过卫星追踪信天翁，操作潜水器在冰海里追踪鱼和海豹。

我们提供：

能够在冰面上钻很多英里的仪器，以供你研究最近在古代湖泊发现的细菌。我们需要人手来研究细菌是怎么到那儿的。

87

诚招——气象学家

工作要求:

你喜欢冒着刺骨的寒冷,去发现关于极地气候的一切,并且做全球天气预报。

要求技能:

你需要是数学能手,有许多的检验仪器和许多的数字等着你。

我们提供:

卫星设备,你可以用来监视臭氧层的洞的大小,这是近来极地科学家发现的(真不幸,两极因为这个洞而面临危险)。还有自动的气象站可供使用。

一直向前的好工作——地质学家

工作要求:

你要能够通过察看破碎岩石了解地球,当然要追踪岩石的变化过程。你还要研究冰川是如何把岩石压下去的。

要求技能:

你知道,南极的大部分的陆地是埋在冰的下面的。你需要有敏锐的眼睛能发现贵重的金属,在一些岩石里会蕴藏着金、银和其他金属。希望你有足够的勇气,你可以研究火山。在1969年,一座位于欺骗岛的火山喷发,摧毁了附近的两个科学站。

我们提供:

为了监视地下的山峰,我们提供雷达和卫星。

好职位——古生物学家

工作要求：

你喜欢研究岩石里的化石，来发现很久以前生命是什么样的。你也许会发现

植物、爬行动物，甚至早已灭绝的恐龙的化石。

要求技能：

你应该能够用极地的化石和其他地方发现的类似化石进行比较，来揭示极地的历史。你应该知道，科学家已经证明南极曾经是温暖的，是一块超级大陆的一部分。（请参阅第27页）

我们提供：

获取化石的工具和运输化石的运输设备（你不会像斯科特船长一样，用雪橇来拉沉重的岩石）。

惊人的冒险——天文学家

工作要求：

你将用天文望远镜追踪太阳和其他星星。躺在冰上，你还要观察留在冰上的大量的陨石。

要求技能：

必须能够应付其他刚发现了大批陨石的激动的天文学家。他们认为这些石头是从月球和火星上来的，有几百万年历史。天文学家还要研究极光（见第28页）和太空的气候（从外太空来的到达地球的光线）。太空风暴可以打击卫星，使动力系统失灵，对从航天飞机上出来行走的宇航员来说，非常危险。

我们提供：

难以置信的清新空气，使你觉得工作轻而易举。在夏天，还有全天的阳光。所以追踪太阳是很容易的事。

现在，你已经掌握了关于两极的最新知识。你认为你已经找到了理想的工作，甚至已经戴好了假胡子。稍微等一会儿，别穿得太多，你连海豹皮皮靴都受不了，想想那些没有成功的极地探索的先驱者。许多年以来，勇敢的探险者前仆后继地出发，去探寻极地的真相，他们之中只有一些人能够活着回来，告诉你那里冰冷的故事……

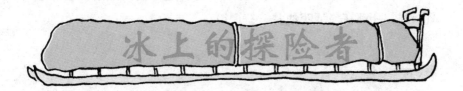

冰上的探险者

有些人喜欢在薄冰上滑冰，有些人喜欢在风中航行。电视机前的平静美好的生活简直可以使他们流泪。他们更需要的是刺激和冒险，他们愿意到世界的尽头去寻找。虽然有生命危险，许多年来，人们还是要去两极探险。他们勇敢地面对冰山、暴风雪和北极熊。他们这样做到底为什么？有些人为了钱，他们想开发两极。有些人仅仅想去看看别人没有见过的世界。除此之外，极地探险被认为是荣耀和死亡相融合的工作。荣誉和财富是肯定的，只要你能生还。

早期的探险者

遥远北方来的最初的报告：

公元前325年，一个周游世界的希腊人皮西亚斯进行了一次惊人的航行。他花了很多年穿越了北大西洋，在北方冻土上探险。他最远到了冰岛，至少他自己是这么说的。遗憾的是，当他最后返回家乡，没有人相信他。人们对他说的话，冷冷地耸耸肩膀。

他说，他看见了冻在冰里的海水，摇一摇像颤动的果冻，人们都笑他，说这故事也许是真的（科学家现在知道，这是新结的薄冰）。

他告诉人们，有个地方夏天太阳从不落下，冬天太阳从

那儿有牛奶蛋糕吗？

不升起。人们更是大笑，他们从来没听说过半夜的太阳！皮西亚斯一直到死都在想证明他并没有说谎。

胆大的维京人

正是胆大的维京人将北极写到了地图上。大约公元982年，一个叫红头发埃里克的维京人到格陵兰去生活（由于谋杀而被追捕，他不得不逃离冰岛）。当然，那个时候，这个地方还不叫格陵兰。大胆的埃里克编造了这个名字，以引诱其他维京人和他一起去。你猜怎么样？效果很好！格陵兰—— Green Land，绿色的陆地，绿色，听起来真好。许多人收拾停当和他一起去了。谁知道他们到达的时候心里是什么滋味，眼前冰天雪地，到处是可怕的冰山。

格陵兰（绿色的陆地）

没有绿色，就不是格陵兰

斯堪的纳维亚旅行公告 公元982年

环境虽然恶劣，顽强的维京人还是在那里生活了近500年。他们耕种土地，饲养牛羊。谁也不知道为什么，后来他们渐渐地在那里消失了。有的人认为，他们被海盗绑架了，或是死于瘟疫。专家指出，那段时间里有一个突然的寒冷时期，维京人都被冻死了。他们的衣服不够暖，也不知道捕猎为生。因此，当冷空气摧毁了他们的庄稼的时候，不幸的维京人就开始挨饿。如果他们能得到当地人的生存窍门就好了！

进入未知世界

在地球的另一端，南极依然是个谜，虽然古希腊人猜想它会在那儿。在早期的地图上，它被标注为Terra Australis Incognita，意思是"不清楚的南部陆地"。谁也没去过那里。

1772年，积极进取的英国探险家詹姆斯·库克出发去寻找传说中的大陆。虽然他没有亲眼看到南极，但是他第一次穿过了南极圈。他绕着南极洲航行，可堆积的冰块挡住了他的去路。

他非常失望，在日记里郁闷地写道：

这样一个大陆的大部分应该就在极圈里面，可是海上布满了冰，没有通往陆地的路。浓重的雾气、暴风雪，极度寒冷，再加上注定要长眠于冰雪之下的恐惧，这一切使得关于这个国度的无法表达的坏印象变得更糟。

接下来，他沉重地补充道，南极对任何人都没用。

实际上，第一个到达南极大陆的人可能是美国人约翰·戴维斯。他因为捕猎海豹在1821年2月到了南极。他的命运就这样决定了。

94

令人震惊的事实

库克船长去世之后，他的朋友在伦敦演出了一出童话剧来纪念他的周游世界的一生。整出戏无聊透顶，倒是为了纪念他的南极探险而制作的一个小冰山，抢了童话剧的风头。

考考你的老师

人们知道阿蒙森是第一个到达南极极点的人，那么谁是第一个到达北极极点的人呢？用这个听起来毫无恶意的问题考考你老师的极地知识。举手，对她说：

答案

这是个捉弄人的问题，答案取决于你相信谁的故事。在你的老师思索的时候，我们看一份《环球日报》的旧报纸，了解一下真实情况……

顶级探险者的极地之争

《环球日报》1909年9月8日，美国纽约

强烈的异议今天爆发，两个著名的探险家，而不是原来的一个，宣称自己是第一个到达北极极点的人。

昨天，我们接到了一个激动人心的消息，美国海军中校罗伯特·皮里克服了冰冻和风雪，于4月6日到达北极。对于53岁的皮里来说，这是一个梦想的实现。这位极地老将激动不已。

"我人生的目标实现了。"他对记者说，"我经过23年的努力才终于到达北极，期间经历了艰苦的工作、失望、生活品的匮乏，或多或少的痛苦，以及不少风险。我为美国赢得了最后一个地理学意义上的大奖——北极。我很满意。"

他有过两次失败的尝试，第三次运气终于关照了勇敢的皮里。他把成功归结于他花了几个月的时间学习因纽特人的生存技巧。在北极，皮里和他的同伴们树立起了美国国旗，并拍了照片。

皮里的北极

国旗是皮里的妻子约瑟芬做的。

骄傲的时刻

皮里告诉记者："冷风吹着我们的脸，脸都裂开了。空气就像冻着的钢铁。"

确实是英雄的业绩。

是这样吗？这则消息刚刚发布，故事又有了不可思议的转弯。皮里的好消息刚到家，他的主要对手，弗雷德里克·库克医生正在哥本哈根的宴会上庆祝他发现了北极。作为皮里曾经的旅行同伴，库克医生刚结束了为期两年的北极探险。他表示，他在1908年4月21日到达北极，比皮里早了一年。

当人们告诉他皮里的

医生要求这么做的！

成绩的时候，库克有礼貌地回答："如果他说他到了更北的地方，那他是第一个。到达北极的荣誉分给我们两个都够。"

问题是，两个勇敢的探险家中间谁在说真话，我们又该相信谁？是自豪的皮里，还是果敢的库克将载入史册？事态看样子还要继续发展。《环球日报》将为您提供最新的情况。

你相信谁

皮里听到了库克的话，他怒不可遏。你可以明白为什么。他称库克是骗子，发誓一定要找出真相。不幸的是，公众站在库克一边。欢迎他回来的人们打出了"我们真的相信你"的条幅。

权威的地理组织仔细检查了两个人的日记和笔记本，虽然没有确实的证据，但最终倒向了皮里。他们认为，库克的日期不合情理，而且他看见的那片陆地实际上并不存在。更糟的是，库克有前科。几年前，他声称第一个登上了阿拉斯加的麦金利峰（北美的最高峰），但是后来他的照片被证明是假的。纽约的探险者俱乐部把库克驱逐出去，库克在屈辱中度过了余生。

那么皮里说的就是真话吗？也难判定。有人认为，皮里完全是编造的，他不可能像他自己说的那样，来去北极那么快！

你相信谁呢？

挑选你的极地探险家

看看这么一个情景。你被困在要命的两极，你只允许有一个伙伴。你应该选择谁呢？他需要勇敢、顽强、意志坚定，遇到紧急事件冷静沉着。下面向你推荐的极地先驱都很勇敢，你需要选一个最好的。下面格洛丽亚来给你介绍这5位参赛者。

每一位参赛者都在对恶劣的两极的搏斗中积累了生存经验。现在该你来选一个作为你的旅行伴侣。在你决定之前，仔细听听他们的故事，为一生的旅行做好准备。

北极人

一号参赛者：

姓名：威廉·巴伦支（1550—1597）

国籍：荷兰

成名的事迹：为了寻找从西伯利亚北部通往亚洲的海上通道，他做过3次英勇的航行。他的船被冻在冰上，于是他成为第一位在北极过冬的欧洲人。

特殊技能：用废船建房子。挑选饱经风霜的威廉，请给1号投票。

二号参赛者：

姓名：约翰·富兰克林爵士（1786—1847）

国籍：英国

成名的事迹：他像一条咸湿的老海狗，周游过世界。为了寻找通过加拿大北部到达亚洲的海路，他在北极航行了许多年。他并没有成功，可是为了纪念他，人们在伦敦威斯敏斯特教堂为他树立了一尊雕像。

特殊技能：一位卓越的旅行者和航海家。挑选历尽海上风浪的约翰爵士，请给2号投票。

三号参赛者：

姓名：萨洛蒙·安德列（1854—1897）

国籍：瑞典

成名的事迹：他试图成为第一个乘坐热气球飞越北极的人。他的气球叫雄鹰。他非常有名，在伦敦图索德夫人蜡像馆有他的蜡像。真的很酷！

特殊技能：酷爱飞行。选择高飞的萨洛蒙，请给3号投票。

四号参赛者:

姓名: 科努·拉斯穆森（1879—1933）

国籍: 丹麦/因纽特

成名的事迹: 第一个研究因纽特人如何在寒冷的北极生活的人。因纽特人教给他所有的生存技巧，他也变成了一流的极地专家。

特殊技能: 狩猎，捕鱼，驾驶狗拉雪橇。选择无所不知的科努，请给4号投票。

五号参赛者:

姓名: 道格拉斯·莫森爵士（1882—1958）

国籍: 澳大利亚

成名的事迹: 作为杰出的科学家，他领导了1911年的澳大利亚南极探险队。他在一片不知名的海岸探险，发现了第一块南极陨石。

特殊技能: 顽强和坚毅。选择大胆的道格拉斯爵士，请给5号投票。

你决定选哪一个了吗？但愿你是幸存者。下面按照从后向前的顺序，告诉你答案:

5. 如果你选择2号，你就错了，完全错了。约翰爵士在海上可能非常出色，在陆地上就不是那么回事了。1845年，他带着另外128人去北极航行，之后就再也没有消息。他焦急的妻子悬赏20 000英镑（在当时可是一笔大数），并派出几个搜索队，还是没有找到她的丈夫。最后在1859年，搜索的人在一堆石头下面找到一张字条，才知道约翰爵士死于1847年，当时他正试图寻找援救。

102

4. 你选择3号，你倒是能够活下来，可时间只有3个月。1897年，萨洛蒙和两个同伴从挪威的斯匹次卑尔根群岛起飞，飞往北极。3天之后，他的气球就由于结了厚厚的冰而坠落在地面上。3个人靠着北极熊的肉又活了3个月，最后，全都悲惨地死了。直到1930年，人们才找到他们的尸体，又通过拼凑他们的日记和照片，才了解了事情的经过（更悲惨的是，他的蜡像也被老鼠咬坏了）。

3. 如果你选择1号，你会安然无恙，但是回家的时候可能会有麻烦。威廉在危难来临的时候，表现得非常镇静，而且非常实际。当他的船被冰卡住了，他紧张吗？你知道他做了什么？他平静地用船上的木头，在冰上建造了一个舒适的小屋，甚至还有浴盆，那是用酒桶做的。当时没有热水袋来取暖，人们睡觉时用热石头代替。不幸的是，威廉没有能成功地返回。夏天，他在返航的途中，死于坏血病，而他的大部分队员都活了下来。

2. 如果你选择4号，你会毫发无伤，但你有可能死于食物中毒。科努在格陵兰长大。小时候，他就学会了如何打猎、捕鱼，以及像因纽特人一样驾驶狗拉雪橇。他还会说好几种因纽特语。真辛苦啊！后来他到丹麦去学唱歌剧，很快他又回到格陵兰，开了一家银行。他用从银行业务中赚的钱赞助更多的探险。他因为吃了变质的海雀，死于食物中毒。

1. 最终的胜利者是5号。和英勇无畏的道格拉斯在一起，你一定会活下来，而且他可能比你活得长。勇敢的道格拉斯爵士教你如何面对各种艰难困苦，生存下去。在一次坐雪橇的旅行中，他的一个同伴带着雪橇、狗、帐篷和所有的食物掉进冰窟窿里，再也看不见了。之后，他的另一个同伴死于食物中毒（当时，他们不得不吃剩下的狗）。他已经半死不活，可依然坚持着独自向前走。他终于奇迹般地走回营地，可是刚好能看到他的船开走了！他不得不在南极再过一个冬天。谢天谢地，他活下来了！一定要很镇静，是不是？

妈妈，我回来啦！

祝贺那些做了正确选择的人。你的奖品是坐着狗拉雪橇去北极旅行。很快，你就将被一群狗拉着，全速在冰面上飞奔。别害怕，它们通常能看到冰窟窿。出发前别忘了一件事，你要把雪橇装好。

驾驶狗拉雪橇

装备：

▶ 一只木制雪橇
▶ 5到10只爱斯基摩狗

如何去做：

1. 把你的狗聚拢在一起。爱斯基摩狗异常顽强，非常适合极地旅行（如果你能够把它们从沙发上赶下来，它们也可以是很好的宠物）。它们身上披着厚厚的毛，有很好的保暖作用，而且它们超级强壮（10只爱斯基摩狗可以拉着你和满载的雪橇一天走50千米）。

如果你忘了带狗食罐头的起子，你可以喂它们海豹脂肪。补充一下，它们蜷缩在雪里就能睡觉，不需要狗窝。

2. 把你的狗拴在雪橇上，队形像扇面。每条狗在胸前绑上衬垫带，而不是像普通狗一样拴在脖子上。用尼龙缰绳把它们拴在雪橇上，由最强壮和最聪明的狗领头。缰绳也像扇面一样展开，这样领头的狗如果落进冰窟窿，其他的狗不会跟着掉下去。

3. 站在雪橇后部，大喊"Hike! Hike!"这是命令狗前进（其他有用的口令包括：Gee——向右转；Haw——向左转；Straight on——一直向前；Easy——减速；Whoa——停止；On-by——把那个兔子撞倒）。

现在，你的雪橇已经开始移动了（mush是个专业的词，意思就是指驾驶狗拉雪橇）。

重要提示：如果要停止，你要站在雪橇滑板之间的金属条上，把它踩到雪里。

4. 如果你的狗累了（狗会累吗），你要自己来蹬雪橇，就是用一条腿来推动它前进，像蹬踏板车。你如果老摔下来也没关系，驾驶狗拉雪橇需要练习很多年。如果你掌握了窍门，那可是刺激的旅程。前进！前进！

提示：你不能在南极驾驶狗拉雪橇。自从1994年开始，那里禁止狗的进入。科学家认为狗有狂犬病（一种致命的疾病），可能会传染给海豹。

现代探险

如果关于冒险的事情使你手脚痒痒，为什么不自己去要命的两极探险呢？每年都有数以百计的人去两极。如果你不想坐狗拉雪橇，还有其他激动人心的方法。你可以搭乘飞机（许多极地飞机安装了滑板而不是轮子，这样可以安全地降落在冰面上），或者坐破冰船旅行（这是一种加固了的铁船，可以破冰前进）。你还可以坐潜水艇。1958年，美国的"鹦鹉螺号"潜艇，就是在冰面以下航行，到达了北极。

107

与以往的探险者不同，现在的探险者使用许多的现代化设备。他们用无线电和电子邮件相互联系，用卫星帮助航行。即使如此，在两极探险还是一件很危险的事。有的时候整日漆黑，有的时候白茫茫一片，你很容易迷路。迷路就是死亡。每个冰山看上去都很相似，而且那里根本就没有路标。如果这种惨剧发生，你可能会想，真的应该从当地因纽特人的书里撕下一页。他们凭借太阳，或是风在雪上吹出的形状来辨别方向。无论你怎么做，都不能以冰山做标记。冰山是漂向海的……

岌岌可危的两极

除了探险，冷得要命的两极到底还有什么用处？我的意思是，到处是没有用的冰雪，对不对？答案是否定的。在冰雪下面和结冰的海洋下面，蕴藏着巨大的极地财富。人们急于把财富挖掘出来，以至于使脆弱的两极岌岌可危。两极怎么会岌岌可危呢？下面列举5种极地战利品以及可怕的人类如何在破坏它们。

战利品1：迷人的海豹皮

人类的行径：在18世纪和19世纪的南极，人类为了海豹皮捕杀了成千上万的海豹。海豹皮可以制成皮帽、皮衣、皮拖鞋，以及深受欧洲、美洲和中国的时尚妇女欢迎的皮装。

人们还捕杀海豹获取脂肪（海豹的脂肪可以做成高品质的油），捕杀海象获取象牙。

这有什么害处？大量的捕杀使得有些种类的海豹几乎绝迹。很沉重，是吧？好消息是，大规模捕杀海豹的行为已被严格禁止，只有当地人可以捕猎一些作为食物。随着捕猎的停止，海豹的数量迅速增加。

109

战利品2：巨大的鲸

　　人类的行径：人们不仅捕杀海豹，也捕杀了大量的鲸。鲸的肉和脂肪可以食用，鲸骨可以做梳子、鱼竿、雨伞和时髦妇女用的紧身褡。100年前，一块大鲸的骨头可以卖到2500英镑。那时候，捕鲸可是个大生意。

　　这有什么害处？曾经有一段时间，由于捕杀，鲸几乎灭绝。现在它们依然很稀少，但是现在有了严格的保护规定，使它们不受伤害。为了食用和科学研究，每年可以捕几百头鲸，但是禁止商业捕捞。1994年，南极和周围海域被宣布为鲸的禁猎区。体形巨大的鲸又回来了。

战利品3：冷冻的鱼

　　人类的行径：捕鱼的船队每年从两极的海域捕捞数以百万吨计的鱼、磷虾和鱿鱼。 现代的拖网渔船技术非常先进，它用计算机、雷达和卫星来追踪鱼群，再放下巨大的网。有些渔船就是浮动的加工厂，可以在船上清洗，冷冻和罐装。很方便吧！

　　这有什么害处？有些渔民破坏规定，超过了限捕的数量。这对巴塔哥尼亚的牙鱼来说很不利。这种美味的鱼使得捕捞有利可图。但是一条牙鱼要花30年才能长到成年的尺寸（2米长）。由于大量的捕捞，它们都没有时间长大。更糟的是，许多海鸟，如信天翁，因为过度捕鱼也受到影响。

战利品4：大量的油

　　人类的行径：在北极的冰面和冻原下有大量的石油。人们挖很深的井，把石油找出来。在西伯利亚和阿拉斯加已经发现了石油，石油被从地下抽出来，运往几千千米外的炼油厂。

　　这有什么害处？用来运送石油的道路和管道正在破坏极地脆弱的栖息地。以阿拉斯加的北极国家野生保护区为例。这是美国最大的国家公园，如果美国政府进行在那里钻油的计划，公园将不复存在。另外的危险是石油的泄漏。1989年，一艘油轮在阿拉斯加海岸搁浅，将5000万升石油倾泻到海里。

这是数量极大的石油。长长的海岸线泡在了石油里，众多的鱼、鸟和海洋哺乳动物被杀死。南极也可能有石油资源，但是很难探测。另外，至少在2041年以前，在南极的一切商业钻探都是被禁止的。

战利品5：可怕的假期

人类的行径：每年，数以千计的游客前往两极。信不信由你。想要一个可怕的假期吗？

可怕的假期

隆重推出

要命的极地之旅

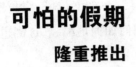

你是否厌倦了

在海边游荡?

厌倦了在动物园里

的无聊日子?

想要一个冰上假期?

名额有限　　从速报名

　　世界上最酷的假期,让你享受要命的极地之旅。这次旅行将带你到地球的尽头。价格包括乘坐破冰船和充气船,以及一流的极地导游服务。这次旅行将使你忘却一切。

小注释: 别忘了带一本好书。如果天气恶劣,你必须自始至终留在船上,你只能拍很多冰山的照片,回家与朋友分享。

这有什么害处？有些人认为，旅游者带来的坏处比好处多，特别是当他们破坏了当地的野生环境，并扔下垃圾。另一方面，如果他们回到家后，告诉别人极地如何如何地酷， 这倒也许能帮着挽回点面子。

如果你去南极度假，为了保持极地的良好环境，你应该遵守下面的需要做和不允许做的规定：

需要做的：

▶ 与鸟和海豹保持距离，特别是当你正拿着它们的照片。如果它们注意到你，你就太近了。不要喂它们和抚摸它们。

▶ 把所有的垃圾带回家。不要从旅游船上扔东西。

▶ 在你拜访科学站前，请事先联系。否则你可能妨碍科学家工作。

不允许做的：

▶ 践踏地衣、苔藓和花卉。它们非常娇嫩，需要很多年才能长回来。

▶ 收集岩石、化石和骨头作为纪念品。

▶ 自己走路。南极是很危险的地方。一定要跟着你的团队，走固定的线路，听从极地导游的指挥。

▶ 在冰川或雪地上走。等你看见致命的冰窟窿时就晚了。

▶ 喊叫。你会吓着动物的，它们习惯了和平与安静。

可怕的健康警示

在20世纪80年代早期，科学家在南极上空的臭氧层发现了一个大洞。臭氧可以遮挡阳光里的灼人的紫外线，因此是很有用的气体。如果紫外线过多，你会被烧焦。这个洞每年都在扩大，现在已经有两个欧洲那么大了。

猜猜谁是罪魁祸首？当然是人类了。每年，我们都向空气中释放大量的含氯氟烃物质，它们应用在冰箱、泡沫和液态气体喷射器上（例如喷洒型除臭器）。幸运的是，我们已经开始检讨自己的行为，含氯氟烃物质已经被禁止使用。现在大多数的除臭器是无氟的。但是已释放的含氟物质需要很长的时间才能从空气中消失，臭氧层的修复最少也需要50年。

融化的时刻

如果你真想过一个冰上的假期，你要尽快出发。为什么这么急？因为由于地球在逐渐变暖，地理学家担心两极正在融化。的确，巨大的冰块正在从南极脱离，北极的海域也在缩小。不知道是人类又该受到指责，还是自然的原因？应该叫专家进来。可是没办法找到两个对所有事情意见都一致的地理学家啊！

我想人类应该受到指责。我们向空气里排放了太多的温室气体。它们使地球以惊人的速度变暖。

这些气体如二氧化碳和沼气等都能使地球温暖，作用像你爷爷的温室的玻璃——让阳光进来，但不让热量出去。它们来自汽车和卡车的尾气，工厂和发电厂的污染以及烧掉过多的雨林。

胡说八道！自然本身应该承担责任。地球的气候自然地变化，不会长期不变。几百万年以来，地球一直是既有寒冷的时期，也有温暖的时期。

117

　　虽说如此，多数科学家还是认为人类应该对变暖的地球负责，他们预测到2100年，地球的温度将上升2摄氏度。听起来温度只升高了一点，但是却可以融化极地的冰原和冰山。如果真是这样，大量的水会涌入海洋，使海平面抬高50米左右，淹没许多低地的岛屿和城市。如果你是住在伦敦或威尼斯，你要小心了，那儿会非常潮湿。

珍爱极地

那么，岌岌可危的两极的前景如何？全都是暗淡和沮丧吗？人类正在努力使两极保持新鲜和洁净，这不是好消息吗？

复杂的条约

北极的土地是由不同的极地国家拥有的，但是谁拥有南极？没有人！1959年12个国家签署了历史性的《南极条约》，规定南极应如何管理。这些国家表示，要确保南极得到保护，只用作和平的目的。到目前为止，这个条约执行得很好。如今，已经有44个国家签署了这个条约。下面就是主要内容：

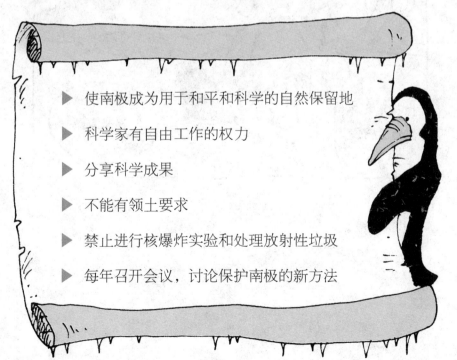

- ▶ 使南极成为用于和平和科学的自然保留地
- ▶ 科学家有自由工作的权力
- ▶ 分享科学成果
- ▶ 不能有领土要求
- ▶ 禁止进行核爆炸实验和处理放射性垃圾
- ▶ 每年召开会议，讨论保护南极的新方法

119

1998年，《南极条约》增加了新的内容，即保护独一无二的野生环境，禁止在南极采矿或采油。条约还要求，科学家和旅游者必须带走他们的垃圾，以防破坏脆弱的环境。用这些措施来保护两极，够吗？我们只能等等看。有人说，保护极地的唯一方法，就是将南极变成巨大的世界公园。但他们开始争吵，谁来当公园管理员。有一件事是肯定的，冷得要命的两极有奇异的野生环境，那儿的人和动物，世界上任何地方都找不到。如果这些都消失了，将是惨痛的悲剧。另外，那儿还是这个星球上最冷的地方。我说的时候都免不了牙齿打战。